# 面向双碳目标的五大科技领域态势报告

刘琦岩　傅俊英　郑　佳　孟　浩　著

U0301895

科学技术文献出版社
SCIENTIFIC AND TECHNICAL DOCUMENTATION PRESS
·北京·

**图书在版编目（CIP）数据**

面向双碳目标的五大科技领域态势报告 / 刘琦岩等著. —北京：科学技术文献出版社，2024.8

ISBN 978-7-5235-0729-2

Ⅰ.①面⋯　Ⅱ.①刘⋯　Ⅲ.①高技术发展—研究报告—中国—2022　Ⅳ.①N12

中国国家版本馆CIP数据核字（2023）第170206号

## 面向双碳目标的五大科技领域态势报告

策划编辑：周国臻　　　责任编辑：王　培　　　责任校对：张　微　　　责任出版：张志平

| | |
|---|---|
| 出　版　者 | 科学技术文献出版社 |
| 地　　　址 | 北京市复兴路15号　邮编　100038 |
| 出　版　部 | （010）58882941，58882087（传真） |
| 发　行　部 | （010）58882868，58882870（传真） |
| 官　方　网　址 | www.stdp.com.cn |
| 发　行　者 | 科学技术文献出版社发行　全国各地新华书店经销 |
| 印　刷　者 | 北京地大彩印有限公司 |
| 版　　　次 | 2024年8月第1版　2024年8月第1次印刷 |
| 开　　　本 | 787×1092　1/16 |
| 字　　　数 | 224千 |
| 印　　　张 | 10.5 |
| 书　　　号 | ISBN 978-7-5235-0729-2 |
| 定　　　价 | 68.00元 |

# 序　言

## 基于新能源酝酿新文明

　　火（初始能源）的利用开启了人类新的演化历程。在这一演化路径上，每次新能源的发现或能源的创新性再利用，都极大地推动人类文明的进步，有的民族甚至呈现出飞跃式发展。此后，能源成为人们分析人类发展的一个核心维度。我们常听到这样一个说法：人类近几十年的生产总量，超过之前的人类生产的总和。这实际上也在说：以某个时间节点进行统计，人类近几十年的能耗总量也超过此前历年能耗的总和。这还是人类不到1/5的人口在完成所谓的工业化、近现代化阶段就出现的能源供需态势。如果更多的人口加速迈向工业化、城市化，全球能源利用的景象又该当如何？

　　同生物质能源、化石能源的利用初期的境遇不同，今天的人类可以利用的能源谱系不断拓宽，利用形式不断丰富发展，利用效率也不断提高。但能源问题与供需矛盾依旧存在。当然，今天的能源利用也有同过去不一样的地方。在靠天吃饭的时代，人类在能源利用方面远谈不上自觉自主，经常是别无选择。今天，随着可持续发展、应对气候变化、实现碳达峰碳中和（"双碳"）等议题研究的深入，人类能源自觉的意识得到唤醒和充实，并开始了能源自主的尝试和努力。能源自主，源自人类对能源的认知和相关科技创新，由此能源的种类或谱系得到了不断的丰富。现在一个村落都可以在多种方式利用多种能源的框架下选择适宜的能源组合类型，一个城市更可以根据不同的能耗需求配置相应的能源结构。但前提是所在国家具备充分的能源基础设施和相应的运行管理体系。

　　在过去没有能源自觉意识的时代，人类很少对能源科技做出详细的预测，并据此对未来经济社会发展方向和重点业务进行选择。今天，对能源的需求持续增长，其中有利于应对气候变化、有利于碳捕捉利用的能源科技更是受到广泛的欢迎。人类很早就有初级利用风能、光（太阳）能的经历。今天，这类自然能源或再生能源再次以新能源科技的形象走入当代的经济社会舞台，并准备开始担当重要角色。

　　人类关于能源科技的碳核算既有算大账、算总账的一面，也有核计到生产链每个环节的一面。随着能源体系越来越庞大、越来越复杂，从能源生成、输运，再到存储、利用及全过程管理，都将成为能源科技创新的切入点、能源经济的增长点。很多研究给我们这样的启示：越分析到微观节点，越能更多地发现科技创新的机会、能源经济勃兴的机会。随着市场因素、政策因素的介入——典型就是差异化的能源价格、政策支持手段的使用，有利于能源配置、高效利用的商业模式也在不断推陈出新。我们有理由相信，很多新能源科技、新商业模式喻示着"双碳"有着光辉的前景。读者们可从该书中领略到，有很多这样的技术已处在从研发到走向市场的路上。

中国科学技术信息研究所（简称"中信所"）长期关注新能源、新材料、绿色制造、电子信息等前沿技术的发展态势和可能出现的超常规变革。近年来，中信所根据国家在"双碳"方面所做的战略部署，在推进"双碳"科技创新方面部署了相关情报和政策研究，在助力地方迎接"双碳"议题的挑战方面也做了大量的战略研判、技术前瞻等研究工作。根据专家评议并结合上海等地方的科技发展需求，中信所双碳研究团队遴选氢能，储能，碳捕集、利用与封存，光伏建筑一体化，智能电网这五大领域进行了深入分析。研究中我们尝试应用了中信所最新掌握的情报多元感知、全领域扫描等手段，并结合专家智慧再进行有洞察力的研判，形成了五大主题领域的前沿技术画像。或者结合产业链，或者结合先导型应用场景对有的领域进行了更为细致的分析。

不远的将来，我们各地都将谋划新发展格局。这其中有个关键的切入点就是能源布局，尤其是新能源如何布局。在我们的分析中，不难得出这样的结论，未来的城市、村镇已不再是单纯的能源消费之地，它们正在形成新的能源供给单元。基于新的能源结构，人类文明新形态开始涌现。

刘琦岩

2023 年 7 月于中信所

# 前　言

　　过量碳排放引起的气候变化是全球面临的重大挑战，应对全球气候变化越来越成为国际社会的普遍共识，实现碳达峰、碳中和是应对气候变化的重要目标。已有100多个国家／地区以不同形式提出了碳中和目标。2020年9月，习近平总书记在联合国大会上宣布，中国力争在2030年前达到碳达峰、2060年前实现碳中和。这对提振全球应对气候变化的信心，推进全球低碳转型合作，加快推进我国生态文明与美丽中国建设，为全球社会经济绿色低碳可持续发展提供中国方案，构建人类命运共同体，具有非常深刻的影响和战略意义。对于中国来说，这关系到国内、国际两个大局，事关全局和长远发展，既是推动经济高质量发展和建设生态文明的重要抓手，也是参与全球治理和坚持多边主义的重要领域。

　　实现双碳目标成为国家和城市绿色转型发展的战略议题。科技创新是碳中和目标实现的重要保障，这也必将带来全球能源领域及经济生产生活等多个方面的深刻变革。中国作为全球经济发展的重要动力，能源需求庞大，同时也面临能源紧张和气候变化等重大问题，迫切需要超前谋划部署碳中和实现技术路径，对双碳目标下的焦点技术进行态势分析和前景预测。本书将选择有助于实现双碳目标，国家与地方需重点关注，且能够反映产业内的研究重点及难点的焦点技术，系统研究其演化规律、发展态势与前景展望，这对于推动国家实现双碳目标、推进产业绿色低碳转型具有重大的战略意义。

　　本书采用定量和定性相结合的研究方法，基于信息检索、资料采集、专业化筛选、编译加工等方式，综合利用文献调研、科学计量、文本挖掘、知识图谱、案例分析和专家咨询等研究方法与工具，选取了氢能，储能，碳捕集、利用与封存，光伏建筑一体化，智能电网5个和节能相关的新能源焦点技术，以专利、论文、科技项目、专家访谈、学术会议等科技数据和信息为基础，从技术发展历程、研发成果、竞争合作、机构实力、热点趋势和未来展望等维度进行深入分析。通过内涵与外延、发展脉络、政府支持、资助投入、国家／地区优势对比，以及区域竞争合作、研发创新机构等多角度多层次进行分析，对双碳目标下各焦点技术的发展应用前景进行展望，提出技术发展面临的问题、未来方向，探讨中国在全球的技术地位，提出各焦点技术领域的发展机遇和建议。

# —— 目 ● 录 ——

# 图目录

## 表目录

# ● 1 氢 能

氢能是指单质氢气与其他物质（如单质氧气）发生化学反应过程中释放的能量。氢是宇宙中分布最广泛的物质，它构成了宇宙质量的 75%。宇宙中质量数大的其他元素（重元素）是由氢元素开始，通过核聚变反应而生成。太阳的能量亦来自其体内大量存在的氢的核聚变反应。在地球上，氢虽然在地壳中的含量按质量分数计仅为较小的 0.14%，但在非金属中排在氧、硅之后，在所有元素中排在第 10 位。由于地球大气中的氧气的存在，氢气分子不能以单体形式稳定存在，而主要以化合态的形式出现，如水、氢氧化物、碳氢化合物或氨的衍生物等。通常的单质形态为氢气，可以从水、化石燃料等含氢物质中提取，是重要的工业原料和能源气体。

氢能源具有广大的发展前景，其具有以下 4 个重要特征：①来源丰富。氢作为二次能源，可以来自化石能源重整、工业副产气、生物质热裂解、电解水等途径，特别是与可再生能源发电结合，实现了全生命周期绿色清洁，拓展了可再生能源的利用方式。②清洁低碳。氢的终级产物是水，没有化石能源利用后的碳排放和污染物，而且生成的水又可以制氢，循环利用，真正实现低碳甚至零碳排放。③燃烧热值高。氢气在常见燃料中热值较高（142 KJ/g），约为石油的 3 倍，煤炭的 4.5 倍，即消耗相同质量的石油、煤炭和氢气，氢气提供的能量最大。④应用场景多样。氢可以广泛应用于能源、交通运输、工业、建筑等领域。

但是，氢气一直存在安全性问题。其具有燃点低，爆炸区间范围广等特点，长期以来作为危险化学品进行管理。不过，氢气扩散系数大，是已知密度最小的气体，比重远低于空气，扩散系数是汽油的 12 倍，发生泄漏后极易扩散，浓度会迅速降低，不易形成爆炸气雾，爆炸能量是常见燃气中最低的。

总之，氢能是高效、清洁、可循环利用的二次能源，被视为 21 世纪最具发展潜力的清洁能源，可用于储能、发电、各种交通工具用燃料和家用燃料。随着全球范围内对绿色能源和经济发展重视程度的提升，氢能源的需求和应用领域也在不断扩展。

## 1.1 发展历程与政策

### 1.1.1 研究方向

氢能产业链可以分成上游制氢、中游储运和加氢、下游用氢三部分。参照我国产业链成本测算，其中制氢成本占比最重，达到 55%；储运氢成本占 30%；加注氢成本占 15%。

氢能产业链上游氢气制备，主要技术包括传统的化石能源制氢、化工原料制氢、工业副产物制氢，以及新型制氢技术如电解水制氢、生物质制氢、核能制氢、光化学制氢等。其中，利用风能、太阳能、水能、生物质能、地热能、海洋能等非化石能源制取氢气的方式为可再生能源制氢，生产过程基本不产生温室气体，从源头杜绝了碳排放。可再生能源中，风能、海洋能、水能、地热能均不能直接获得氢气，需先利用其进行发电，再使用电能进行电解水制氢；而太阳能、生物质能既可以发电制氢，也可以直接制氢。电解水制氢技术能使可再生能源具备更多的应用场景，具有较大的发展潜力，将成为氢能源技术链中的重要环节。目前，光解水效率太低，有待技术实现突破。

氢能产业链中游为储氢运氢环节。氢能储量大、比能量高、可贮存、可运输。氢是所有元素中最轻的，密度仅为水的万分之一，因此解决高密度储氢难题是关键。氢能的主要储运技术包括高压气态储氢、低温液态储氢、有机液态储氢及固体储运等。气氢拖车是近期的主要运输方式；中期将使用液氢罐车进行中长期储运；管道氢气运输成本低，运输规模大，但由于投资成本高且只能点对点运输，在较长一段时间内难以成为主流运输方式。有机和固态储氢材料是未来氢气储存与运输的重要方向，利用氢气与储氢材料之间发生物理或者化学变化从而转化为固溶体或者氢化物的形式来进行氢气储存。其最大优势是储氢体积密度大，相同质量的氢气用储氢材料储存占用空间少；并且操作容易、运输方便、成本低、安全等，恰好克服了高压气态储氢和低温液态储氢的缺点（图1-1）。

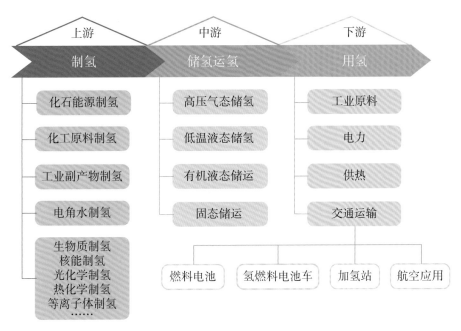

图 1-1　氢能产业链构成

氢能产业链下游为用氢，涉及范围除了传统石化工业应用如合成氨、石油与煤炭深加工外，还包括加氢站、燃料电池等领域。氢能源应用有两种方式：一是直接燃烧（氢内燃机）；二是采用燃料电池技术。燃料电池技术相比于氢内燃机效率更高。

## 1.1.2　发展脉络

氢这个世界上最古老的元素直到 18 世纪才被发现。1766 年，英国物理学家、化学家亨利·卡文迪什（H. Henry Cavendish）发现了氢气这种气体的存在。1787 年，法国化学家拉瓦锡（Antoine-Laurent de Lavoisier）证实水是由氢、氧两种元素组成。之后，氢气逐步被认识和应用（图 1-2）。

1903 年，Howard Lane 发明了基于水蒸气-铁工艺和水煤气的制氢方法，并于 1907 年在圣路易斯展示了莱恩制氢机（Lane Hydrogen Producer）。

1926 年，天然气蒸气重整制氢首次应用，经过不断的工艺改进，已发展为目前最成熟的制氢技术之一，适用于工业上大规模制氢，具有很好的经济效益，氢气提取率和纯度能达到较高水平，被广泛用于氢气的工业生产。

1940 年，固体氧化物燃料电池（SOFC）开始开发，但到 20 世纪 80 年代才迅速发展。

1950年，第一台熔融碳酸盐燃料电池（MCFC）首次展示，20世纪80年代进入商业化阶段，美国于1994年建造了2 MW的示范电站。甲醇燃料电池（DMFC）出现，日本于2003年制造出第一台以DMFC为电源的笔记本电脑。

1952年，英国科学家研制出世界上首个培根型碱性氢氧燃料电池（AFC），20世纪60年代，碱性燃料电池系统被美国航空航天局用于阿波罗登月计划，20世纪70年代，石棉膜型碱性燃料电池系统被美国研发成功。

1960年，美国通用公司将质子交换膜燃料电池（PEMFC）用于双子座航天飞机。

1966年，通用汽车推出全球首款氢燃料电池汽车Electrovan，但并未商业化。Lewis首次提出生物法制氢，主要进行绿藻、蓝藻细菌和光合细菌产氢及发酵产氢两大类实验。

1967年，第一台家用磷酸燃料电池（PAFC）被美国国际燃料电池公司研制成功。但由于启动时间长且废热利用率低，发展缓慢。

1972年，日本东京大学首次报道$TiO_2$单晶电极光解水产生氢气的实验研究，提出了光解水制氢的新途径，通过太阳能进行光解水制氢被认为是未来制取零碳氢气的最佳途径。

1974年，美国夏威夷自然能源研究所进行超临界水中生物质转化研究，并对超临界水中生物质转化成$H_2$和生物质气化反应进行了深入研究。于20世纪80年代，首次提出生物质超临界水气化制氢的完整概念。

1980年，甲醇水蒸气重整制氢方法兴起，目前技术比较成熟，被认为是最有希望应用于质子交换膜燃料电池氢源的制氢方式之一。

1990年，德国建成世界上第一座太阳能制氢厂，即Solar-Wasserstoff-Bayern公司，研究光电转换、水的电解、氢和氧的储存、氢能转换成其他能源等装置。

1999年，美国和日本研制出PEMFC电动汽车。德国建成世界首个用于商业的氢燃料电池汽车加氢站，加氢站对于实现燃料电池汽车产业商业化运营来说是重要的基础设施。

2004年，氢燃料电池无人水下航行器出现。

2008年，美国麻省理工学院（MIT）在实验室首次模拟光合作用完成简单、经济的快速太阳能制氢，在整个过程中光合作用将水分解成可供燃烧的氢气和氧气，使得光合作用产生的能量能够被人类利用。

2010年，意大利正式建成世界首个氢能发电站，可满足2万户家庭的用电量。

2011 年，《科学美国人》把太阳能燃料（高温光热制氢、太阳电池与人造树叶制氢）作为七大能源颠覆性技术之一。

2014 年，日本丰田首发全球第一台量产氢燃料电池车 Mirai。

2018 年，法国运营首辆氢燃料电池火车。

2020 年，总部位于柏林的欧洲家庭能源解决方案公司（HPS）推出全球首个面向家庭的绿色氢能源和供暖系统 Picea(R)。

日本东京科学大学发现一种新型钛催化剂，比现有的二氧化钛催化剂多产生 25 倍的氢气。

2021 年，英国玻璃企业皮尔金顿首次使用 100% 氢气生产玻璃，证明了使用氢气安全有效地运营浮法玻璃工厂的可行性。

2021 年，英国公布了该国规模最大的氢能计划，兴建蓝氢工厂 H2Teesside，要在 2027 年前生产 1 GW 氢。美国 Air Products 公司设立蓝氢能源综合体工厂，日产蓝氢 2.12 GW，预计于 2026 年投入运营。

2022 年，美国埃克森美孚公司宣布建设一座蓝氢厂，每天将生产 10 亿立方英尺（1 英尺 =0.3 米）的蓝氢，以天然气为原料，并由碳捕获和储存项目支持。

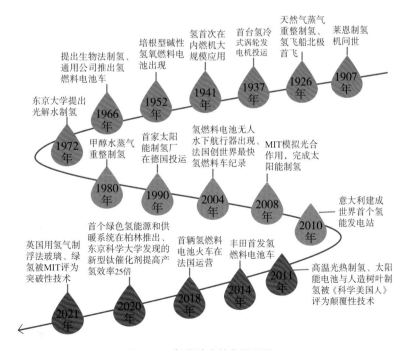

图 1-2　氢能技术的发展历程

面向双碳目标的五大科技领域态势报告

### 1.1.3 政策支持

氢能相关技术多次被《麻省理工科技评论》《科学美国人》等评为突破性技术。发展氢经济是人类摆脱对化石能源的依赖、保障能源安全的战略性选择，其被誉为21世纪的新能源。氢能作为一种可持续的"无碳"能源已得到世界各国的普遍关注，创新大国发布了许多相关的政策举措，以促进氢能技术的发展和应用。

#### 1.1.3.1 美国

历届美国政府把维护进口石油供应的安全及减少对进口能源的依赖作为重点工作。20世纪70年代，氢能就被美国政府所关注，牵头成立了国际氢能源组织。但到20世纪80年代，由于石油危机的消退，美国政府降低了对氢能的重视程度。自1970年美国通用公司提出"氢经济"开始到20世纪末，美国对氢能的投入整体不高，未形成完善的组织管理和科研体系，且主要强调技术层面，氢能与市场的结合程度较低。

1990年，美国颁布《Spark M. Matsunaga氢研究、开发及示范法案》，制定了"氢研发五年管理计划"，期待在最短时间内，采用较为经济的方法，突破氢生产、分配及运用过程中的关键技术。

1990年，美国发布《美国向氢经济过渡的2030年远景展望》报告，对促进美国发展氢的动力要素进行了分析。

1996年，美国出台《氢能前景法案》，目的在于"使私营部门展示将氢能用于工业、住宅、运输的技术可行性"，以解决商业化推广问题。但在21世纪以前实际投入较少，主要停留在基础研究方面。

2001年，布什政府发布了《为美国未来提供可靠、可负担、环境友好型能源》报告，氢能被视为"未来能源"重新被美国政府重视起来。

2002年，美国DOE发布《国家氢能发展路线图》，就发展目的、影响氢能发展的各种因素，以及氢能各环节（包括氢生产、氢运输等）技术现状、面临的挑战及未来发展路径进行了更为详细的设计和阐述，开始系统实施国家氢能计划。

2004年，美国DOE出台《氢能技术研究、开发与示范行动计划》，确定了美国氢能技术研发与示范的具体内容、目标等。

2004年，美国DOE发布《氢立场计划》，确认了美国"氢经济"发展要经过研发示范、市场转化、基础建设和市场扩张及完成向氢能经济转化4个阶段，标志着美国国家氢能计划逐步走向深化。

2005 年，美国《能源政策法》中，氢能首次被提出将成为未来彻底摆脱进口能源依赖的替代能源，随后便开启了国内对氢能产业新一轮的发展高潮。

2006 年，美国发布《先进能源倡议》，在"加速未来技术"栏目中，建议在氢能汽车等领域加大投资。

2014 年，奥巴马政府发布《全面能源战略》，开启了新的氢能计划，重新确定了氢能在交通转型中的引领作用。

2015 年，DOE 发布《2015 年美国燃料电池和氢能技术发展报告》并提交国会，肯定了未来氢能市场的发展潜力，大力投资发展先进氢能与燃料电池技术。

2016 年，美国数个州政府颁布相关政策，共同签署了《州零排放车辆项目谅解备忘录》，支持燃料电池产品逐步投入市场，包括在工厂、居民区等地安装部署燃料电池发电系统等。与此同时，美国重新修订了氢燃料电池政策方案，将燃料电池税收的政策细化为 3 个层次，并对国内任何运行的氢能基础设施实行 30% ~ 50% 的税收抵免。

2017 年，推出《美国优先能源计划》，指出氢能和燃料电池也属于优先能源战略中的一种，并开展前沿技术研究。

2020 年，美国发布了《氢能项目计划》，将致力于氢能全产业链的技术研发，并将加大示范和部署力度，以期实现产业规模化。

### 1.1.3.2　欧洲

欧洲将氢能作为能源安全和能源转型的重要保障。在能源战略层面出台了《2005 欧洲氢能研发与示范战略》《2020 气候和能源一揽子计划》《2030 年气候与能源政策框架》《欧盟 2050 低碳经济战略》等文件，在能源转型层面发布了《欧盟可再生能源指令》及电力市场设计改革方案。

1995 年，欧洲制定了一个 10 年的研发战略——"至 2005 年欧洲的研发与示范战略"，明确提出 2005 年欧盟燃料电池研发所要达到的目标，其核心是降低燃料电池的成本。

2002 年成立氢能与燃料电池高层小组，组织开展氢能愿景研究。

2003 年，欧盟发布《氢能和燃料电池——我们未来的前景》，制定欧洲向氢经济过渡的近期（2003—2010 年）、中期（2010—2020 年）和长期（2020—2050 年）3 个阶段的主要研发和示范路线图。

2003 年，欧盟 25 国联合开展"欧洲氢能和燃料电池技术平台"项目，针对氢能和燃料电池的关键领域进行重点攻关。

2008 年，英国《气候变化法案》（Climate Change Act，CCA）正式通过生效，这使英国成为世界上第一个针对减少温室气体排放、适应气候变化问题，进行立法的国家。

2016 年，欧盟发布《可再生能源指令》，强调要将氢能作为能源系统的重要组成部分。

2019 年，欧洲燃料电池和氢能联合组织（FCH-JU）发布《欧洲氢能路线图：欧洲能源转型的可持续发展路径》报告，指出大规模发展氢能将带来巨大的经济效益和环境效益，是欧盟实现脱碳目标的必由之路。提出欧洲发展氢能的路线图。

2019 年，新一届欧盟委员会提出了《欧洲绿色协定》，其中提及氢能发展对于欧盟实现气候和能源目标的重要作用，建议欧盟加强氢能领域政策规划和产业扶持政策。

2020 年，欧盟委员会正式发布了《气候中性的欧洲氢能战略》政策文件，还宣布建立欧盟氢能产业联盟。

2020 年，德国政府推出首版《国家氢能战略》，计划投资 90 亿欧元促进氢能的生产和使用。区别于用化石能源生产的灰氢和使用碳捕获、储存技术的蓝氢，用太阳能、风能等可再生能源生产的绿氢，一直是德国氢能发展的重点。

2021 年，英国推出《国家氢能战略》，不仅提出短期内将扩大工业领域氢能利用水平，更尝试将氢燃料推向居民消费领域，供热便是一大潜在方向。

2021 年，法国马克龙总统正式公布 5 年内向十大关键领域投资总额 300 亿欧元的"法国 2030"投资计划。其中，80 亿欧元将投向能源和经济脱碳领域，包括氢能、核能及可再生能源。

2021 年，俄罗斯政府发布《氢能源发展构想》，旨在加速布局本国氢能产业发展。根据该构想，俄罗斯将在 2021—2050 年分成 3 个阶段发展氢能产业。

### 1.1.3.3 日本

日本由于能源获取的限制，早已重点研发石油替代能源技术，并将其从国家层面上进行布局及支持。日本尤其重视氢能产业的发展，提出"成为全球第一个实现氢能社会的国家"。

1973 年，第一次石油危机爆发时，日本就成立了"氢能源协会"，号召研究人员展开氢能源技术研讨和技术研发。

1974年，日本相继颁布了阳光计划及月光计划，旨在不断扩大开发利用各种新能源。其中，氢能与燃料电池是其中研发课题之一。

1993年，日本又开始实施新的阳光计划，着重解决清洁能源问题，加速光电池、燃料电池、深层地热、超导发电和氢能等开发利用。

1993—2002年，日本实施的"氢能利用国际能源网络项目"首次掀起了日本氢能开发热潮。

2001年，日本制定《燃料电池实用化战略研究会报告书》，氢能产业发展重点由海外再生氢能运回日本的构想，转为氢燃料电池的开发和实际应用。

2002年，日本政府启用了丰田和本田公司的燃料电池展示车。同年，日本氢能源及燃料电池示范项目（JHFC）启动燃料电池车和加氢站的实际应用研究。

2005年，NEDO开始了固定燃料电池的大规模实际应用研究。2008年，日本燃料电池商业化协会（FCCJ）制订了2015年向普通用户推广燃料电池车的计划。

2009年，日本发布《燃料电池汽车和加氢站2015年商业化路线图》，再次明确了日本燃料电池的商业化进程。

2013年，日本政府推出"日本再复兴战略"，重议了国内燃料电池车的相关规章制度，明确提出推动家庭用燃料电池的普及，把发展氢能源提升到国策的高度。

2014年，日本内阁会议正式通过全新的《能源基本计划》，确定将氢能视为未来二次能源的核心，首次提出实现"氢能社会"的构想。

2014年，日本经济产业省发布《氢能及燃料电池战略路线图》，制定了加速扩大氢能利用领域、建立大规模氢能供给系统、建立零碳氢燃料供给系统的氢能发展计划；同时，经济产业省也发布了《氢燃料电池汽车普及促进策略》和修改了《高压气体保安法》，加快氢燃料电池汽车的推广普及。

2017年，日本发布《氢能源基本战略》，确定了2050年氢能社会建设的目标及到2030年的具体行动计划。

2017年，日本通产省公布《燃料电池汽车战略路线图和氢能社会白皮书》，其中提到，2025年实现200万辆的目标，2030年加氢站达1800个，质量、成本和配套工程设施都有很好的改善，形成规模化能力并走向市场。

2017年，日本经济产业省发布《零碳氢燃料研究报告》，描绘了到2040年全面掌握低成本、稳定可靠、清洁的制氢技术，建立零排放的制氢、储氢、运氢的氢燃料供给体系的技术路线。

2018 年，日本召开全球首届氢能部长级会议，来自 20 多个国家和欧盟的能源部长及政府官员参加会议；并以 2020 年东京奥运会为契机推广燃料电池车，打造氢能小镇。

2019 年，日本政府公布《氢能利用进度表》，旨在明确至 2030 年日本应用氢能的关键目标。

2019 年，日本出台《氢能与燃料电池技术开发战略》，确定了燃料电池、氢能供应链、电解水产氢三大技术领域 10 个重点研发项目的优先研发事项。

2020 年 12 月，日本经济产业省公布了《绿色增长战略》，明确了 2050 年实现碳中和目标的进度表。绿色增长战略对能源、运输等 14 个重点领域提出了具体计划目标和年限，计划设立 2 万亿日元的基金，援助碳中和相关项目的创新型技术研发。政府将通过财政扶持、融资援助、税收减免、监管体制及标准化改革、加强国际合作等各种手段，吸引企业将巨额储蓄转化为投资，推动经济绿色转型。2020 年发布的《绿色增长战略》更新为《2050 年碳中和绿色增长战略》。新版战略将氨燃料产业和氢能产业合并，并宣布发展目标。

### 1.1.3.4  韩国

韩国的氢燃料汽车和燃料电池相关技术处于世界一流地位，但氢能产业发展尚处于初期阶段。

2018 年，韩国政府将氢能经济、人工智能、大数据并列为三大战略投资领域，旨在通过发展氢能拉动经济的创新增长。

2019 年，韩国氢能经济战略报告会在蔚山市政府大楼召开，韩国产业通商资源部对外正式发布了《氢能经济活性化路线图》。

2020 年，韩国政府颁布《促进氢经济和氢安全管理法》，该法将于颁布一年后生效，关于氢安全的管理规定自颁布之日起两年后生效。

2021 年，韩国发布的《氢能领先国家愿景》提出，到 2050 年韩国氢能将占最终能源消耗的 33%，发电量的 23.8%，成为超过石油的最大能源。

### 1.1.3.5 中国

中国高度重视低碳能源的探索和应用，氢能源作为清洁低碳能源，受到国家的关注和支持。近年来，国家相关机构发布了多项政策以鼓励支持氢能源行业的发展。"十二五"期间，科技部多次在氢技术及应用领域发布相关政策和规划。"十三五"

期间，中国开始加大对氢燃料电池领域的规划和支持力度，政策出台也越来越集中，氢燃料电池汽车与纯电动汽车同步发展。

2012 年，国务院发布《节能与新能源汽车产业发展规划（2012—2020 年）》，首次对燃料电池汽车未来发展要达到的技术指标做了规划，提出到 2020 年燃料电池汽车、车用氢能源产业与国际同步发展。至此，氢能产业依然主要在氢燃料电池汽车领域，但已经上升到国家层面。

2014 年，国务院发布《能源发展战略行动计划（2014—2020 年）》，把氢的制取、储运、加氢站、先进燃料电池、燃料电池分布式发电作为重点战略方面。

2015 年，国务院发布《中国制造 2025》，提出将继续支持燃料电动汽车、燃料电池汽车的发展，并针对燃料电池汽车的发展战略提出 3 个发展阶段。

2016 年，国务院印发《"十三五"国家科技创新规划》，可再生能源与氢能技术作为一个独立的专题提及，同时提出重点开发氢能、燃料电池等"发展引领产业变革的颠覆性技术"。

2016 年，国务院发布《"十三五"国家战略性新兴产业发展规划》，提出"系统推进燃料电池车研发与产业化"。

2016 年，中国汽车工程学会发布《节能与新能源汽车技术路线图》，发布氢燃料电池车技术路线图。

2016 年，国务院发布《国家创新驱动发展战略纲要》，提出"开发氢能、燃料电池等新一代能源技术"。

2016 年，发展改革委、国家能源局发布《能源技术革命创新行动计划（2016—2030 年）》。

提出 15 项重点创新任务，其中包括氢能与燃料电池技术创新。随后，氢能产业发展路线图——《中国氢能产业基础设施发展蓝皮书（2016）》发布。

2017 年，国务院颁布的《能源技术创新"十三五"规划》提及的战略性能源技术中，高效低成本氢气运输技术作为集中攻关类技术被重点提出。

2018 年，财政部、工业和信息化部、发展改革委、科技部发布《关于调整完善新能源汽车推广应用财政补贴政策的通知》，制定了燃料电池车补贴标准。

2019 年，氢能源首次写入《政府工作报告》，明确将推动加氢等设施建设。《能源统计报表制度》首度将氢能纳入 2020 年能源统计。

2019 年，发展改革委发布《产业结构调整指导目录（2019 年本）》，涵盖高效制氢、运氢及高密度储氢技术、加氢站及燃料电池相关内容。

2019 年，发展改革委、工业和信息化部、自然资源部、生态环境部、住房城乡建设部、人民银行、国家能源局发布《绿色产业指导目录（2019 年版）》，鼓励发展氢能利用设施的建设和运营。

2019 年，生态环境部等 11 个部门联合发布《柴油货车污染治理攻坚战行动计划》，鼓励各地组织开展燃料电池货车示范运营，建设一批加氢示范站。优化承担物流配送的城市新能源车辆的便利通行政策。

2019 年，中国首部《中国氢能源及燃料电池产业白皮书》发布，第一次系统研究了氢能及燃料电池全产业链，提出氢能及燃料电池产业、技术、政策三大路线图，对标全球提出的氢能及燃料电池五大发展倡议。

2020 年，国务院发布《新时代的中国能源发展》，涉及加速发展绿氢制取、储运和应用等氢能产业链技术装备，促进氢能燃料电池技术链、氢燃料电池汽车产业链发展等内容。

2020 年，国务院发布《新能源汽车产业发展规划（2021—2035 年）》，强调加强燃料电池系统技术攻关，突破氢燃料电池汽车应用支撑技术瓶颈，力争 15 年内，燃料电池汽车实现商业化应用，氢燃料供给体系建设稳步推进，有效促进节能减排水平。

2020 年，国家能源局印发《中华人民共和国能源法（征求意见稿）》，将氢能列入能源范畴，这是中国第一次在法律上确认氢能属于能源。

2020 年，国家能源局印发《2020 年能源工作指导意见》，提出制定实施氢能产业发展规划，组织开展关键技术装备攻关，积极推动应用示范。

2020 年，财政部、工业和信息化部、科技部、发展改革委、国家能源局发布《燃料电池汽车城市群示范目标和积分评价体系》，明确燃料电池汽车推广应用、氢能供应等两大领域的关键指标，如推广应用车辆技术和数量、氢能供应及经济性等。

2020 年，财政部、工业和信息化部、科技部、发展改革委、国家能源局发布《燃料电池汽车示范城市群申报指南》，明确示范城市群选择流程、申报基础条件、示范目标、实施方案编制等要求。

2020 年，国家能源局发布《中华人民共和国能源法（征求意见稿）》，实施节约优先、立足国内、绿色低碳和创新驱动的能源发展战略，构建清洁低碳、安全高效的能源体系；优先发展可再生能源，安全高效地发展核电，提高非化石能源比重，推动化石能源的清洁高效利用和低碳化发展。

2020年，全国共有超过30个地方政府发布了氢能发展相关规划，涉及加氢站数量超过1000个、燃料电池车数量超过25万辆。

2022年，发展改革委、国家能源局联合印发《氢能产业发展中长期规划（2021—2035年）》。这是我国首个氢能产业的中长期规划，首次明确氢能是未来国家能源体系的重要组成部分，确定可再生能源制氢是主要发展方向。

2022年，国家能源局发布《"十四五"现代能源体系规划》，明确提出要瞄准包括氢能在内的多项前沿领域，实施一批具有前瞻性、战略性的国家重大科技示范项目（图1-3）。

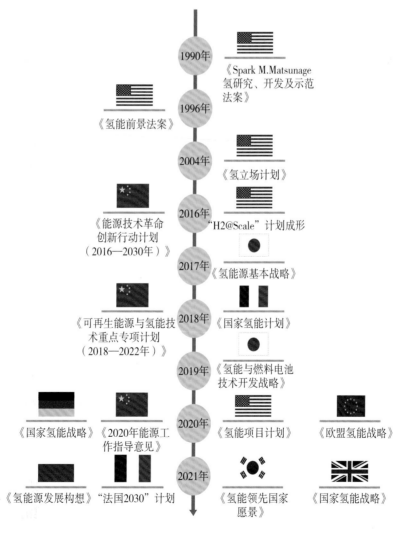

图1-3 与氢能相关的政府支持情况

### 1.1.4 资助投入

根据全球氢理事会与麦肯锡联合发布的 *Hydrogen Insights*： *A perspective on hydrogen investment, market development and cost competitiveness* 报告数据，目前有 30 多个国家制定了国家氢战略和预算，在生产和使用方面有 228 个项目正在酝酿之中。欧洲显然处于领先地位，截至 2021 年 2 月已宣布 126 个项目，亚洲有 46 个，大洋洲有 24 个，北美洲有 19 个。在千兆瓦级的氢气生产项目方面，计划中的项目有 17 个，其中最大的项目在欧洲、澳洲、中东和南美洲的智利。此外，政府的低碳化举措是氢气浪潮背后的巨大推动力，目前在氢能项目中全球已投入约 700 亿美元。如果所有项目都能实现，到 2030 年，总投资将超过 3000 亿美元，相当于全球能源资金的 1.4%。

#### 1.1.4.1 美国

20 世纪 70 年代，由于石油危机，以及能源自给项目的失利，美国开始布局氢能技术研发，资助氢能相关的研究项目，并于 1974 年在迈阿密召开了第一次氢能国际会议。但是每年的投资也未能超过 2400 万美元。同年年底，国际氢能协会（IAHE）在迈阿密成立，这一组织也是迄今为止历史最为悠久的国际氢能组织。

20 世纪 80 年代，美国对于氢能源项目的研究投资急剧减少，直到 90 年代人们日渐关注全球气候改变及石油进口的依赖才重新启用此项投资。

进入 21 世纪后美国大力推进在氢能领域的投入，2002 年美国 DOE 发布"国家氢能发展路线图"，这标志着美国"氢经济"概念开始由设想阶段转入行动阶段。

2003 年，总统布什在国情咨文中正式提出"总统氢燃料倡议"，计划未来 5 年投入 12 亿美元，重点研究氢能生产、储运技术，促进氢燃料电池汽车技术及相关基础设施在 2015 年前实现商业化。

2009 年，奥巴马政府颁布《美国复苏与再投资法案》，划拨约 500 亿美元用于开发绿色能源和提高能效。

2012 年，奥巴马向国会提交了总额 3.8 万亿美元的 2013 财年政府预算，其中 63 亿美元拨往 DOE 用于燃料电池、氢能、车用替代燃料等清洁能源的研发和部署。

2016 年，美国制定了 2020 年将 $H_2$ 价格降至 7 美元 /GGE 的目标，延长了各州税收抵免政策，计划到 2025 年发展 330 万辆包括氢燃料电池汽车在内的新能源车。

2016 年，H2@Scale 概念提出，旨在探索解决氢能规模化应用面临的技术和设施挑战。美国 DOE 在 2019 年提供 3960 万美元支持 29 个氢气制储运研究及示范项目，正式推进 H2@Scale 计划。2020 年，DOE 为 18 个项目提供约 6400 万美元的资金，并宣布未来 5 年将在 H2@Scale 计划框架下，投入 1 亿美元支持两个由 DOE 国家实验室主导建立的实验室联盟——"百万英里燃料电池卡车"（M2FCT）和"下一代电解槽电解水制氢"（H2NEW）。

2016 年，美国 DOE 通过一项名为"再生燃料（REFUEL）"的新氢燃料计划，其目标是开发"可扩展的技术，将电能从可再生能源转化为能源密度高的碳中性液体燃料，并根据需要再转化为电力或氢气"。

2018 年，美国政府颁布《两党预算法案》，提出在 5 年内逐步减少燃料电池产业 30% 的税收，确保达到其他清洁能源发展水平。

2020 年，美国能源部发布《氢能项目计划 2020》，提出政府应致力于氢能全产业链的技术研发，并将加大示范和部署力度，以期实现产业规模化。

2021 年，美国 DOE 的氢计划投资达到 2.7 亿美元，是过去 17 年的最高值，目的是促进该行业的技术进步，加快市场化进程。

### 1.1.4.2 欧洲

欧洲对于氢能的重视比美国晚了 30 年，因此发展稍微滞后。2003 年，欧盟发布了"氢发展构想报告和行动计划"，计划在 4 年内投资 20 亿美元，到 2030 年使氢能源汽车的比例达到 15%，2040 年至少再翻一番，并创立欧洲氢燃料电池合作组织。

2001 年，"欧洲清洁能源伙伴计划（CEP）"启动，这是欧洲当时最大的氢能与燃料电池示范项目，欧盟拨款 1850 万欧元，支持汉堡、伦敦等 10 个城市的燃料电池汽车示范项目。

2008 年，欧洲工业委员会和研究机构等发起了《燃料电池与氢能联合行动计划项目》，该项目在 2008—2013 年至少斥资 9.4 亿欧元，主要用于交通和基础设施、固定式发电和热电联产、制氢和氢气输运等领域的研究。

2012 年，欧洲实施 Ene-field 项目，项目包含欧盟 12 个成员国，9 家燃料电池系统制造商和接近 1000 套微型 CHP 系统。该项目投资 5300 万欧元，至少持续 3 年。

2013 年，欧盟委员会资助 14 亿欧元启动了第二阶段（2014—2024 年）的《燃料电池与氢能联合行动计划项目》，根据不完全统计，2007—2015 年欧盟在氢能与燃料电池方面的投入约为 74 亿欧元。

2013 年，欧盟宣布 2014—2020 年启动 Horizon 2020 计划，在氢能和燃料电池产业投入 220 亿欧元。

2015 年和 2016 年，欧洲 Hydrogen Mobility Europe（H2ME）项目组分别启动了 H2ME 1 计划和 H2ME 2 计划，目标是在欧洲地区对氢燃料汽车的可行性及竞争性进行评价分析，两个计划共计投资 1.7 亿欧元，未来 5 年将建设 49 个加氢站，为用户提供 1400 辆氢燃料汽车。

2015 年，英国低排放汽车办公室批准 600 万英镑的加氢站基础设施补助金，计划 2 年内为英国增加 12 个氢基础设施项目。此外，在 2018 年 3 月前，英国交通部将为购买燃料电池电动车的消费者提供 4500 英镑的补助。

2016，德国交通部计划于 2019 年前投资 2.5 亿欧元，用于氢燃料电池汽车的研发和推广，并实现规模化生产。同时德国政府制定了基金项目，计划在 2030 年前建设将近 400 个加氢站，其燃料电池和氢气技术国家创新计划将持续至 2025 年，以进一步降低氢能和燃料电池技术成本和激发市场活力。2016—2018 年，德国为该项目提供了约 161 万欧元的补贴。

2016 年，德国规划资金 790 万欧元，计划在 2018 年完成燃料电池驱动的零排放火车示范项目。

2018 年，法国发布《法国氢能计划》，计划拨款 1 亿欧元用于支持本国的氢能发展，用于工业、交通及能源领域氢能的部署。

2020 年欧盟正式公示了《欧盟氢能战略》。为保证战略实施，欧盟计划未来 10 年内向氢能产业投入 5750 亿欧元（约合人民币 4.56 万亿元）。其中，1450 亿欧元以税收优惠、碳许可证优惠、财政补贴等形式惠及相关氢能企业，剩余的 4300 亿欧元将直接投入氢能基础设施建设。截至 2021 年 2 月，全球已经宣布的大型氢能项目不少于 228 个，其中欧洲有 126 个，占全球的 55%。截至 2030 年，总投资将超过 3000 亿美元，其中欧洲投资规模约占 45%。

2020 年，英国首相公布价值 120 亿英镑的"绿色工业革命 10 点计划"，其中包括提高氢产量的举措，并承诺在 21 世纪末建成一个完全由氢供热的城镇。

### 1.1.4.3　日本

在过去的 30 年里，日本政府先后投入数千亿日元用于氢能及燃料电池技术的研究和推广，并对加氢基础设施建设和终端应用进行补贴。日本氢能和燃料电池技术拥有专利数全球第一，已实现燃料电池车和家用热电联供系统的大规模商业化推广。

2014 年量产的丰田 Mirai 燃料电池车电堆最大输出功率达到 114 kW，能在 -30 ℃ 的低温地带启动行驶，一次加注氢气最快只需 3 分钟，续航超过 500 千米，用户体验与传统汽车无异，已实现累计销量约 7000 辆，占全球燃料电池乘用车总销量的 70% 以上。

2017 年，日本在神户港口岛建造了氢燃料 1 MW 燃气轮机，是世界上首个在城市地区使用氢燃料的热电联产系统。为解决氢源供给问题，日本经济产业省下属的新能源产业技术综合开发机构（NEDO）出资 300 亿日元支持国内企业探索在文莱和澳大利亚利用化石能源重整制氢并液化海运至本土。

### 1.1.4.4　韩国

2008 年以来，韩国政府持续加大对氢能技术研发和产业化推广的扶持力度，先后投入 3500 亿韩元实施"低碳绿色增长战略""绿色氢城市示范"等项目，持续推进氢能及燃料电池技术研发。

2018 年，韩国政府将氢能产业定为三大战略投资领域之一，并在 2019 年年初正式发布《氢能经济发展路线图》，提出要在 2030 年进入氢能社会，并在未来 5 年投资 2.6 万亿韩元，把氢能经济打造成拉动创新增长的重要动力，引领全球氢能及燃料电池产业发展。

2018 年，韩国现代汽车正式发布第二代燃料电池车 Nexo，电堆最大输出功率达到 95 kW，续航里程达 800 千米。韩国完备的天然气基础设施支持了燃料电池项目的迅速普及，排名前六的燃料电池公司已经部署了近 300 MW，包括世界上能量最密集、最大的燃料电池公园，并计划 2040 年将燃料电池产量扩大至 15 GW。

截至 2020 年年底，韩国运营加氢站数量为 43 个，计划到 2025 年达到 210 个，到 2030 年达到 520 个。截至 2020 年年底，韩国氢燃料电池汽车保有量为 10 906 量，计划到 2025 年保有量达到 15 万辆，到 2030 年达到 63 万辆。

### 1.1.4.5　中国

2009 年，《节能与新能源汽车示范推广财政补助资金管理暂行办法》中指出，首次开始在试点城市对燃料电池乘用车和客车分别给予 25 万元 / 辆和 60 万元 / 辆的财政补贴。

2011 年，《中华人民共和国车船税法》中指出，开始对燃料电池汽车免征车船税，进一步释放政策优惠。

2014 年，国家开始加强氢能产业推广的布局，在充电设施发展政策《关于新能源汽车充电设施建设奖励的通知》中特别提出，对符合国家技术标准且加氢能力不少于 200 公斤的新建燃料电池汽车加氢站每站奖励 400 万元。

2015 年，财政部、科技部、工业和信息化部、发展改革委发布《关于 2016—2020 年新能源汽车推广应用财政支持政策的通知》，提出对于燃料电池车的补贴不实行退坡。

2016 年，财政部发布的《2016—2020 年新能源汽车推广应用财政支持政策》中，特别标明在纯电动汽车补贴退坡期间，燃料电池汽车补贴在 2020 年前保持不变。

2018 年，科技部发布的《国家重点研发计划"可再生能源与氢能技术"》按照太阳能、风能、生物质能、地热能与海洋能、氢能、可再生能源耦合与系统集成技术 6 个创新链（技术方向），共部署 38 个重点研究任务，拟安排国家级项目经费拨款的总预算为 6.565 亿元。

2019 年，科技部发布的《国家重点研发计划"可再生能源与氢能技术"》按照太阳能、风能、生物质能、地热能与海洋能、氢能、可再生能源耦合与系统集成技术 6 个创新链（技术方向），共部署 38 个重点研究任务，拟安排国家级项目经费拨款的总预算为 4.38 亿元。

2020 年，科技部发布的《国家重点研发计划"可再生能源与氢能技术"》按照氢能、太阳能、风能、可再生能源耦合与系统集成技术 4 个技术方向启动 14～28 个项目，拟安排国拨经费总概算 6.06 亿元。

2020 年，财政部、工业和信息化部、科技部、发展改革委、国家能源局发布《关于开展燃料电池汽车示范应用的通知》，五部门将对燃料电池汽车的购置补贴政策，调整为燃料电池汽车示范应用支持政策，对开展燃料电池汽车关键技术产业化和示范应用的城市群给予奖励。

2020 年，财政部、工业和信息化部、科技部、发展改革委、国家能源局发文"开展燃料电池汽车示范应用工作"，聚焦商用车和绿氢两大场景，采取"以奖代补"方式，对开展燃料电池汽车关键技术产业化和示范应用的城市群给予奖励。

2021 年，科技部发布《国家重点研发计划"氢能技术"》，拟在"氢进万家"综合示范技术方向启动 1 个定向项目，拟安排国拨经费 1.5 亿元。

## 1.2 科技研发与成果

### 1.2.1 论文专利走向

氢能源的使用已有 200 多年的历史。19 世纪，电解水制氢、氢内燃机、氢燃料电池技术相继出现。专利和论文作为科学研究和技术创新的成果和载体，可以从其变化趋势推测相关领域的科技发展脉络。不过，这种变化起伏可能受到科技以外的政治、经济等因素的影响，而新能源的发展走向同时也会与石油能源价格涨落及气候变化等密切相关（图 1-4）。

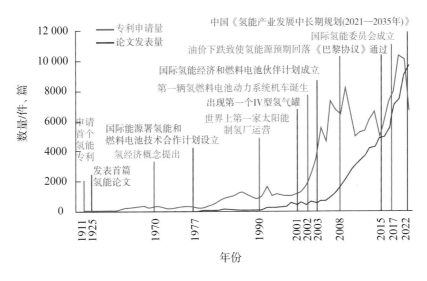

图 1-4　与氢能有关的论文和专利变化趋势

### 1.2.2 论文年度变化

1925 年，在该领域出现第一篇 SCIE 收录期刊发表的相关论文。从 20 世纪初到 1990 年，与氢能相关的论文数量增长缓慢；1991—2003 年，论文数量仍然缓慢增长；2004 年至今进入快速增长阶段，发表量超过 1000 篇 / 年，并于 2021 年达到峰值 9924 篇（图 1-5）。氢能领域的基础研究人员主要在相关的学术期刊上发表研究成果，这占到了所有论文数量的 86% 多；不到 14% 的内容以科技会议录索引（Conference Proceedings Citation Index – Science, CPCIS）收录的学术会议论文形式公布。

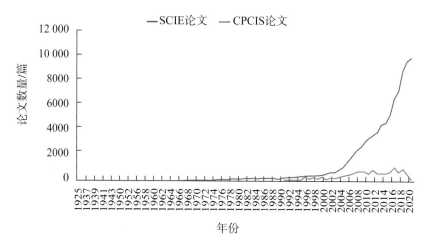

图 1-5　氢能相关论文的发表情况

## 1.2.3　专利年度变化

1911 年出现第一件专利申请；从 20 世纪初到 20 世纪 70 年代末，与氢能相关的专利数量发展缓慢；1980—1999 年，开始进入缓慢增长期；2000—2007 年，出现快速增长；2008—2014 年，可能受到全球经济危机及油价暴跌的影响，主观的预期和动力下降及客观的经济制约都使得与氢能相关的研发投入减弱，进入回落波动期；2015 年，《巴黎协议》在第 21 届联合国气候变化大会通过，气候问题成为全球重要议题，全球超过 30 个国家/地区纷纷发布氢能源发展规划，作为清洁能源的与氢能相关的技术研发成果也再次进入迅猛增长期。全球与氢能相关的发明专利申请中，约 53% 获得了知识产权主管部门的授权（图 1-6）。

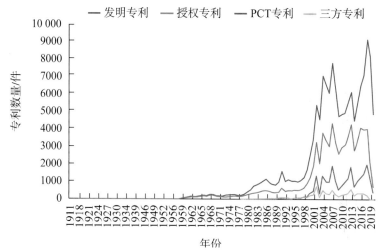

图 1-6　氢能相关专利的申请和授权情况

由于知识产权具有严格的地域性，即依照一国的法律享有的知识产权，仅在本国有效，而无法得到他国法律的保护，如果要取得本国以外国家 / 地区的专利权，则需要申请国际专利。国际专利申请主要有两种途径：巴黎公约途径和《专利合作条约》（Patent Cooperation Treaty，PCT）途径。PCT 专利申请数量已经成为重要的科技实力相关统计指标。所有的氢能专利申请中，14.58% 通过 PCT 途径申请了国际专利。

其中，仅有 4.97% 的专利为三方专利。所谓三方专利，根据 OECD 定义，是指来自欧洲专利局、日本专利局、美国专利商标局保护同一发明的一组专利（Triadic Patent Families），科技部在《中国科学技术指标》中具体细化为：在欧洲专利局和日本专利局都提出了申请并已在美国专利商标局获得发明专利授权的同一项发明专利。三方专利是研究世界最具市场价值和高技术含量的专利状况的重要分析指标。之所以将美国授权作为三方专利的要求之一，可能与美国的专利相关制度复杂、授权要求标准较高有关，而且申请和维护费用不低，只有具备较高创新水平并且能够产生预期经济效益的技术研发成果才会去美国申请并获得专利授权。

## 1.3 地区竞争与合作

### 1.3.1 地区创新分布

从图 1-7 可见，目前中国发表的与氢能相关的论文数量已居世界首位，达到 3 万余篇；美国居第 2 位，不到中国论文数量的一半；其次为日本、韩国和印度，均在 5000~6000 篇。这表明中国科学家在氢能领域的基础理论研究方面做了诸多探索，并取得了丰硕的成果。但从研究的学术影响力来说，中国的表现尚有待加强。澳大利亚和美国的论文平均被引用次数均达到 46 次 / 篇以上，英格兰、德国和加拿大的影响力也居于全球前列。

氢能领域的专利技术来源国家 / 地区之间，实力差距较大。从图 1-8 中可见，日本的氢能相关专利申请数量居世界首位，占到全球所有专利申请量的 46.4%，遥遥领先于其他国家 / 地区。中国的相关专利申请数量占到全球的 21.8%，居全球第 2 位，但不到日本数量的一半。其后的美国仅申请了不到 15 000 件相关专利；但是，美国的专利平均被引用次数居全球首位，达到 8.69 次 / 件，远高于日本、中国和美国的引用情况差距更大。专利的被引用次数是专利质量的直接表征，表明中国相关专利申请在数量大幅增长的情况下，还需要提升专利质量，达到技术和产品保护，以及市场高占有率的专利申请目的。其余国家中，加拿大和瑞士申请的氢能专利数量虽然较少，但被引用情况较优。

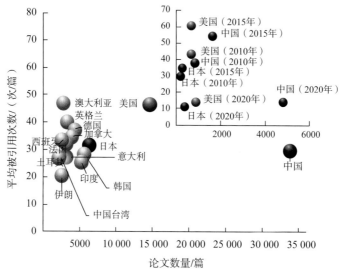

图 1-7　与氢能相关的论文发表数量前 15 位国家 / 地区的情况

注：小图表示中国、美国、日本分别在 2010 年、2015 年、2020 年的
论文数量和平均被引用次数，单位同大图。

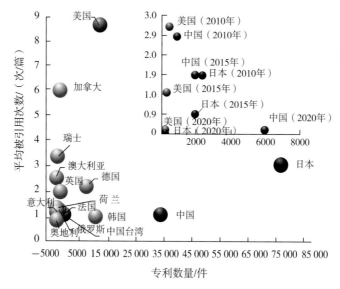

图 1-8　与氢能相关的专利申请数量前 15 位国家 / 地区的情况

注：小图表示中国、美国、日本分别在 2010 年、2015 年、2020 年的
专利数量和平均被引用次数，单位同大图。

### 1.3.2 国家年代趋势

为了了解氢能在不同时期的发展变化情况，依据重大事件发生年代及专利和论文数量变化，划分为 4 个发展阶段：1911—1999 年、2000—2006 年、2007—2013 年、2014—2021 年。中国目前在氢能领域发表的相关论文总量已居全球首位，从图 1-9 可见，中国论文数量是一个持续增长的过程。在 1999 年之前，中国开展的氢能相关研究较少，发表的相关论文数量也很少；之后逐渐增加，最终超过美国和日本。中国的论文数量能够如此迅速地增长，与中国目前对清洁能源的迫切需求及科研投入大大增加有关。

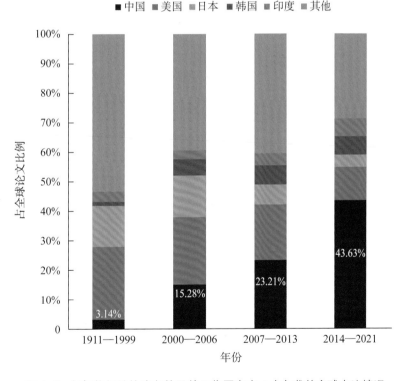

图 1-9　与氢能相关的论文数量前 5 位国家在 4 个年代的全球占比情况

虽然中国目前的专利申请总量仅居全球第 2 位，但从图 1-10 可见，中国在 2014—2021 年所申请的专利数量已远远超过日本，达到全球总量的近一半之多。与之相反，日本的专利申请占比已经从 1999 年之前的 66.7% 下降到 2014—2021 年的 22.7%。而韩国的专利申请占比目前已经达到 10.1%，居全球第 3 位。表明中国和韩国正从全世界范围内的氢能技术研发地中凸显出来。

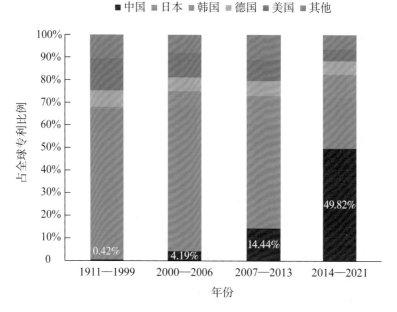

图 1-10　与氢能相关的专利申请数量前 5 位国家在 4 个年代的全球占比情况

## 1.3.3　国家逐年走向

从图 1-11 可见（1972 年前数据不连续），2010 年，中国超过美国居全球第 1 位。2012 年，韩国超过日本居全球第 3 位。2016 年，印度超过韩国之后一直居全球第 3 位。印度和韩国呈现持续上升的态势。位居全球第 2 位的美国，申请的氢能相关论文数量从 2009 年开始不再明显增长。

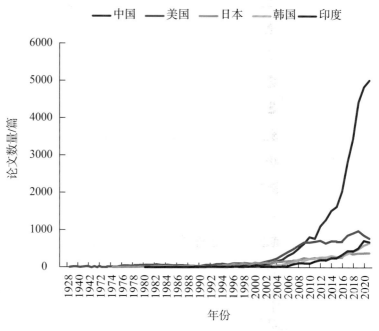

图 1-11　与氢能相关的论文数量前 5 位国家论文发表数量的逐年变化情况

在专利数量方面，前5位国家的发展模式存在差异：德国在1911年申请第一件专利，但之后一直增长缓慢；日本在1925年首次申请氢能相关专利后，从1980年开始进入缓慢增长阶段，在1998年之后开始加速增长，但在2004—2007年高产期之后呈现垂直下降趋势。中国在颁布《中华人民共和国专利法》后的1985年开始申请与氢能相关的专利，但数量较少；自2000年开始中国申请的与氢能相关的专利数量快速增长，在2005年超过德国，2008年超过韩国，2009年超过美国，2016年超过日本居于全球首位（图1-12，1955年前数据不连续）。

图1-12　与氢能相关的专利数量前5位国家的逐年申请情况

### 1.3.4　国际专利分布

本报告所指的国际专利，是指一个国家/地区的专利权人为了让拥有的发明创造在其所在国家/地区之外的地方获取专利保护而申请的专利。一般来说，国际专利申请的主要目的是在本土之外的国家/地区获得该研发技术的独占性，让相关的产品占领海外市场，通常国际专利的质量较高。国际专利的申请通常有两种途径：PCT途径和巴黎公约途径。巴黎公约途径是依据《巴黎公约》规定，在首次提出本国国家专利申请后12个月（发明和实用新型专利）或者6个月（外观设计专利）内向本国以外的专利主管机关提出申请，并要求享有优先权的途径。PCT途径是按照PCT规定通过世界知识产权组织（WIPO）国际局进行国际公开，专利申请人在申请日后30个月内向PCT成员国递交专利申请，同时向多个国家/地区申请国际专利的途径。据统计，全球60%以上的国际专利申请经由PCT途径提出。中国于1994年正式加入PCT条约，同时中国专利局也成为PCT受理局、国际检索局、国际初审局。

从图 1-13 可见，在全球与氢能相关的专利申请数量前 10 位国家/地区中，日本的国际专利申请数量最多，达到 15 000 余件；其次是美国，近 1 万件；德国位居第三。从 PCT 途径和巴黎公约途径两种国际专利占到所有国际专利的比例来看，日本、美国、德国、法国、加拿大比较均衡，而俄罗斯、中国、英国的 PCT 专利更占优势，中国台湾和韩国则正好相反。中国的氢能专利申请量虽然占到全球第二，但国际专利的数量仅 1000 余件，表明中国技术研发机构还需要加强国际知识产权布局意识。

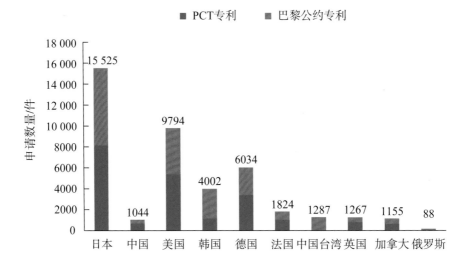

图 1-13　与氢能相关的专利申请数量前 10 位国家/地区国际专利申请情况

申请国际专利时，采用 PCT 途径的优势主要体现在申请时限延长至 30 个月，有充足的时间考虑专利目标国家/地区，以及筹措经费，并可用本国语言向 WIPO 进行国际阶段的申报。一般认为，当目标国家/地区达到 4 个及以上时比较适合用 PCT 途径申请国际专利。如果仅在少数国家/地区申请专利保护则通过 PCT 途径并不合适，因为在各国专利申请费用之上还需要额外加上国际阶段的申请费用，且在各个国家审查阶段需要翻译成其官方语言。因此，当目标国家在 3 个及以内时，则以巴黎公约途径直接向各国的知识产权局申请专利授权为宜。

从图 1-14 可见，中国的国际专利占本国所有专利的比例相当低，不到 3%，甚至低于俄罗斯的占比（8.7%）。而且，以 PCT 途径申请的中国国际专利更占优势，达到中国国际专利申请数量的 2/3。与之相反，韩国的巴黎公约途径国际专利数量为 PCT 专利的 2.44 倍。而中国台湾与氢能相关的国际专利都是在所寻求的专利保护地区以外直接申请。

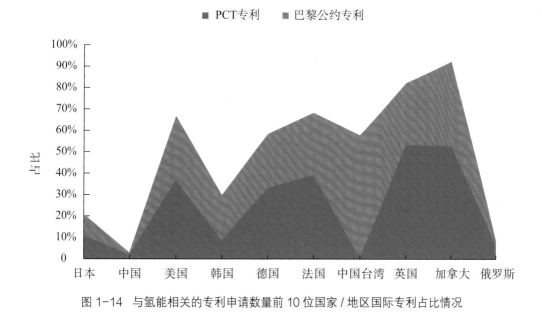

图 1-14　与氢能相关的专利申请数量前 10 位国家/地区国际专利占比情况

采用 PCT 途径申请国际专利包括两个阶段：国际阶段与国家阶段。国际阶段：申请人向 WIPO 提交 PCT 申请。国家阶段：未要求进行国际初步审查的 PCT 申请在 20 个月内进入目标国家/地区并向其知识产权部门申请专利授权即为国家阶段，如果提出国际初步审查要求则在 30 个月内进入目标国家/地区。值得注意的是，无论通过哪种途径提交专利申请，最终该申请能否在一个国家/地区真正被授予专利技术独占权，都要由该国家/地区根据其相关法律进行审查，即国际专利的授权与否，与该申请通过何种途径提交并无直接联系。如果一件 PCT 专利仅完成 WIPO 国际阶段申请，而没有进入下一个阶段，则不会受到任何国家/地区的专利保护。

一般来说，当国际专利申请的目标地超过 3 个国家/地区时，采用 PCT 途径才是恰当的，否则采用巴黎公约途径更为恰当。但是从图 1-15 来看，中国有超过 55% 的 PCT 专利仅在 WIPO 进行 PCT 申请而未进入任何国家/地区申请专利授权，或仅在本国/地区申请专利授权，这部分专利没有必要申请国际专利。因此，中国研发机构还需要进一步加强对国际专利申请途径适用场景的理解。

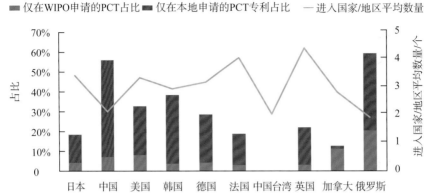

图 1-15　与氢能相关的专利申请数量前 10 位国家 / 地区 PCT 专利进入国家情况

## 1.3.5　国家合作格局

从图 1-16 所示的氢能相关论文发表的国际合作情况可见，中国作为全球论文发表数量最多的国家，也是国际合作的中心，与美国的合作达到 2041 篇；同时，中国与澳大利亚、日本、新加坡、英格兰联系也非常紧密。美国除了与中国合作外，还与韩国、德国、日本、加拿大、印度等合作密切。而日本则与中国、美国、韩国、印度、澳大利亚等国家合作较多。

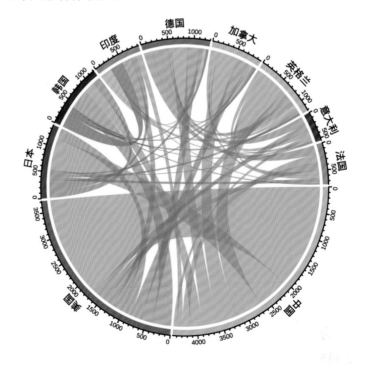

图 1-16　与氢能相关的论文发表国家 / 地区合作论文篇数（单位：篇）

在科技全球化背景下，技术研发合作对于发达国家与发展中国家都同等重要。国际合作对于整合全球优秀研究团队，从新的高度和视野开展学术探讨，以及快速提升本国研究人员的学术能力和业务素质都至关重要。从图 1-17 可见，各国在氢能相关技术研发中合作较为密切。美国是氢能相关专利技术研发的国际合作中心，与日本、加拿大、韩国和中国等国家的合作次数较多，分别合作申请了 204 件、114 件、35 件专利。但中国的国际合作较少，与美国、日本、韩国合作最多，分别共同申请了 34 件、21 件、13 件专利。与日本合作较多的国家除了美国外，还有德国、法国、韩国。

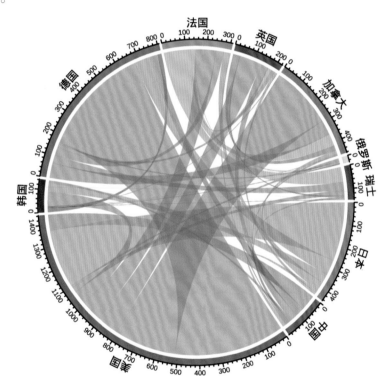

图 1-17　与氢能相关的专利申请国家的合作专利件数（单位：件）

## 1.3.6　城市合作格局

在发表与氢能相关论文较多的前 15 个城市中，除了韩国首尔、日本东京和新加坡以外，其余 12 个城市均为中国所有。北京为发表氢能论文数量最多的城市，达到 6267 篇，为排名第二的城市——上海的 2 倍有余，表明了北京研究机构在氢能领域的基础研究实力。西安、首尔、杭州分别排名第三、第四、第五。从学术影响力来说，北京和上海差不多，论文的平均被引用次数均在 30 次 / 篇左右。而新加坡的学术影响力优势较为明显，平均被引用次数达到 60 次 / 篇以上；另外，合肥和东京也在将近 40 次左右。

从图 1-18 可见，发表氢能相关论文较多的城市中，北京和上海为合作网络的中心，与全球多个城市存在合作关系。北京与新加坡、伦敦、天津、大连、长春、哈尔滨、沈阳、济南、太原、青岛、苏州、厦门、成都等城市合作密切。而上海与新加坡、悉尼、香港、南京、广州、杭州、西安、武汉、长沙、合肥、深圳等城市为一个合作聚类。日本国内的东京、大阪、宫城、茨城合作紧密，韩国的首尔、大田和水原亦组成一个以本国合作为主的网络。

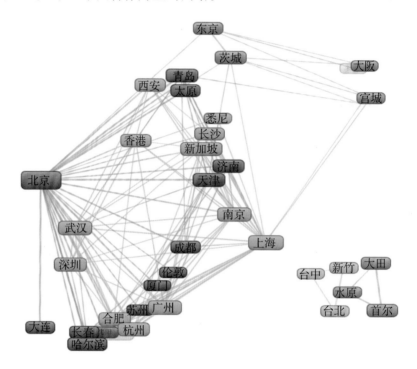

图 1-18　与氢能相关的论文发表城市的合作情况

## 1.4　机构实力与排名

### 1.4.1　理论研究机构

从图 1-19 可见，与氢能相关的论文发表数量最多的前 20 个机构中，中国机构最多，占到 9 个，其中中国科学院和中国科学院大学分别居世界首位和第 3 位，分别发表了相关论文 5312 篇和 2365 篇。中国科学院发表的论文数量达到位居第二的机构——美国能源部的近 2 倍，可见中国科学院在氢能领域基础研究成果的丰硕。美国加州大学也进入了全球前二十。同时，印度也有两个机构进入：印度理工学院和印度科学与工业研究理事会。一方面表明印度机构在氢能领域的基础研究具有一定的实力；另一方面也表明印度的研究力量比较集中。像全球国家排名居第 3 位的日本只有一家机构入选，而居第 4 位的韩国没有机构入选。

就论文的学术影响力而言，新加坡的南洋理工大学居全球第 1 位，其发表的氢能相关论文的平均被引用次数高达 78 次 / 篇。其次是美国的两个机构——美国能源部和加州大学，其论文平均被引用次数也分别达到 64 次 / 篇和 67 次 / 篇。中国科学院、中国科学院大学和天津大学的平均被引用次数均在 42 次 / 篇以上。

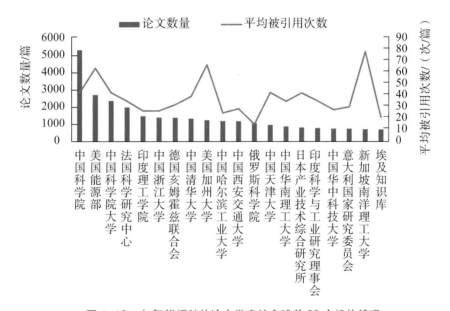

图 1-19　与氢能相关的论文发表的全球前 20 个机构情况

中国科学院的下属研究所众多，所在省份不一；中国石油大学在北京和山东独立办学，有些论文的作者未进行明显标记而导致归属不太清楚。对其余的 18 个机构进行省份统计，发现北京有 5 个机构进入前 20 位；湖北和天津各有 2 个进入；上海、广东、黑龙江、吉林、辽宁、陕西、四川、浙江、重庆各有 1 个机构入选。以上均为中国氢能基础研究实力较强的省份。

从各个机构的论文平均被引用次数来看，北京大学的论文数量虽然并不突出，但其学术影响力居全国首位，平均被引用次数达到 50 次 / 篇。武汉理工大学、吉林大学的学术影响力也较高（图 1-20）。

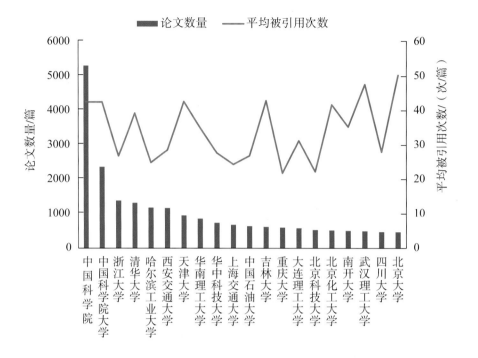

图 1-20 与氢能相关的论文发表的中国前 20 个机构情况

## 1.4.2 技术研发机构

全球申请氢能领域相关专利的前 20 个机构中，日本占 14 个，德国占 3 个，中国、美国和韩国各有 1 个。除了中国科学院为科研院所，其余的机构全为企业，表明全球在氢能领域的技术研发以企业为主体，这也表明氢能技术的发展与产业界密不可分，进入了成熟的商业化阶段。日本丰田汽车公司申请的氢能相关专利申请数量居全球首位，达到 11 282 件，为排名第 2 位的日本本田汽车的 2.4 倍，占有绝对的领先优势（图 1-21）。

与全球申请氢能领域相关专利的前 20 个机构几乎全部为企业相比，中国的前 20 个机构中，仅有 3 个为企业：北京亿华通科技股份有限公司、国家电网、中国新源动力股份有限公司。其余全部为大学和研究所，包括中国台湾的 1 个研究机构，即台湾工业技术研究院。这表明中国的氢能相关专利申请数量虽然较多，但是研发主体并不是企业，故将中国的氢能相关技术研发成果转化为产品进而商业化之途任重道远（图 1-22）。

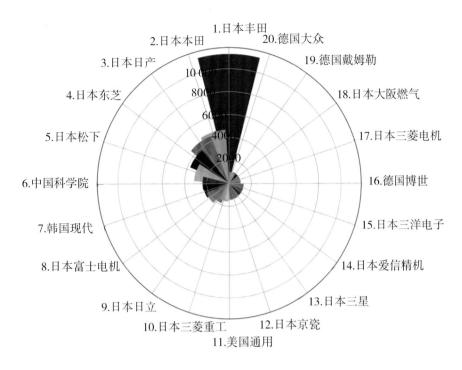

图 1-21　全球前 20 个机构的氢能专利申请数（单位：件）

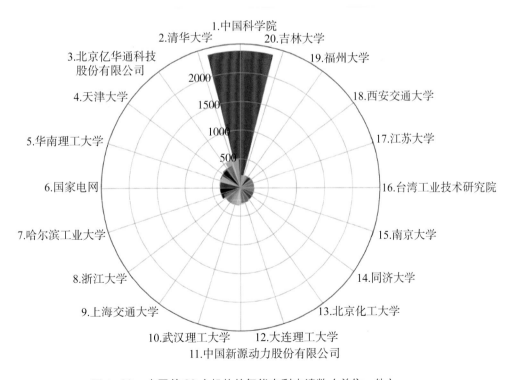

图 1-22　中国前 20 个机构的氢能专利申请数（单位：件）

## 1.5 研发热点与趋势

### 1.5.1 基础理论研究

为了了解氢能领域基础理论的研究热点，将高被引论文进行引文耦合分析得到主题类似的聚簇（图 1-23），再对聚簇主题进行解读，获得每个簇类所代表的论文研究热点。从表 1-1 可见，镍 / 钴化合物催化剂、钼化合物催化剂、光催化制氢、生物制氢、析氢反应、储氢、固体氧化物燃料电池是氢能基础研究的热点。

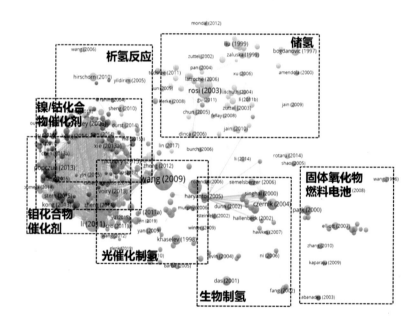

图 1-23　氢能相关论文的研究热点

表 1-1　氢能技术相关论文的研究热点及论文关键词

| 序号 | 研究热点 | 论文关键词 |
| --- | --- | --- |
| 1 | 镍 / 钴化合物催化剂 | oxygen evolution; hydrogen evolution reaction; water splitting; cobalt; nickel; graphene; bifunctional electrocatalysts; nanoparticles; nanowire arrays; carbon nanotubes; nanosheets; oxidation; films; metal-organic frameworks; active edge sites; cathode; electrode; high catalytic-activity; metal phosphide; perovskite; surface |

| 序号 | 研究热点 | 论文关键词 |
|---|---|---|
| 2 | 钼化合物催化剂 | molybdenum; monolayer mos2; active edge sites; graphene; nanoparticles; catalytic-activity; efficient; hydrogen evolution reaction; catalyst; photoluminescence; growth; thin-films; transition-metal dichalcogenides; 2D material; defects; Electrocatalysts; grain-boundaries; layered materials; nanosheets; nanotubes; performance; raman; selenization; sulfide; surfaces; transition |
| 3 | 光催化制氢 | photocatalysis; titania; hydrogen evolution; water splitting; cadmium sulfide; catalyst preparation methods; $CO_2$ photoreduction; heterogeneous photocatalysis; nano-materials; photoelectrolysis; photoreactor; platinum; semiconducting materials; solar spectrum; surface defects; quantum efficiency |
| 4 | 生物制氢 | biological hydrogen production; biohydrogen; fermentation; process optimization; acidification; biomass; anaerobic; biophotolysis; bioremediation; clostridium; dark fermentation; digested sludge; glucose; municipal solid waste; gasification; hybrid bioreactions; green algae; hydrogenase; nitrogenase; photosynthesis; pyrolysis; supercritical water |
| 5 | 析氢反应 | hydrogen evolution reaction; electrocatalysis; density functional theory; electrochemistry; graphene; molybdenum disulfide; N/S co-doping; platinum; surface chemistry; mechanistic studies |
| 6 | 储氢 | hydrogen storage; materials; metal hydrides; chemical hydrides; metal-organic frameworks; catalysis; zinc; gas-solid reaction; high-pressure tanks; adsorption; reversible; nanostructured materials; magnesium-based hydrides; alkali metal aluminium hydrides; alloy; ball milling; chemical hydrogen carriers; coordination polymers; crystal engineering; gas sorption; hydrogen compression; liquefaction |
| 7 | 固体氧化物燃料电池 | solid oxide fuel cell; cathode; anode; electrolyte; oxidation; zirconia; lagao3; air electrode; ceria; chemical-potential diagrams; chromium-containing alloy; metal oxygen systems; electrode-kinetics; ferrite-based perovskites; films; gas turbine; methane; oxygen reduction; sensitivity; cost; degradation; durability |

## 1.5.2 技术研发研究

为了了解氢能领域技术研发的研究热点，将高被引专利进行引文耦合分析得到主题类似的聚簇（图1-24），再对聚簇主题进行解读，获得每个簇类所代表的专利研究热点。从表1-2可见，较多专利关注氢气发生器、燃料电池水管理、燃料电池隔板、燃料电池动力系统、燃料电池交通工具、固体氧化物燃料电池等技术的研发，这是氢能应用研究的热点。

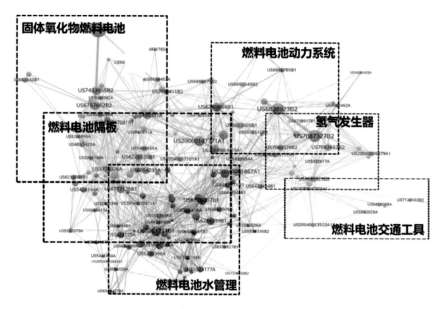

图 1-24　氢能相关专利的研究热点

表 1-2　氢能技术相关专利的研究热点及专利关键词

| 序号 | 研究热点 | 专利关键词 |
|---|---|---|
| 1 | 氢气发生器 | hydrogen generator; water; hydride hydrolysis; portable; discharged fuel solution; demand responsive; hydride water reaction; hydrocarbon; pyrolysis reaction; cavitation; Self-regulating |
| 2 | 燃料电池水管理 | fuel cell; water management; humidification; remove water; cooler-humidifier plate; water transport; cooling water; water-retention barrier; porous element |
| 3 | 燃料电池隔板 | fuel cell stack; bipolar separator plate; one-piece separator plate; peripheral insert ring; manifold insert ring; repeated finite sub-sections; seal structure; reduced corrosion; manufacture |
| 4 | 燃料电池动力系统 | fuel cell power system; power generation; voltage generator; fuel cell-battery hybrid system;hydrogen store; supply hydrogen; DC converter; terminals; electrical current |
| 5 | 燃料电池交通工具 | engines vehicle; automotive; aircraft; hydrogen fueling system; hydrogen fueling station; gas turbine; internal combustion engines; water fuel converter; air pump |
| 6 | 固体氧化物燃料电池 | solid oxide fuel cell; interconnector; high power density; graded anode; generator; integrated gas turbine; layered method of electrode; matrix and modules; ceramic |

我国《氢能产业发展中长期规划（2021—2035 年）》提到氢能的关键核心技术包括：质子交换膜燃料电池关键材料、可再生能源制氢转化效率和单台装置制氢规模、临氢设备关键影响因素监测与测试技术、光解水制氢、氢脆失效、低温吸附、

泄漏/扩散/燃爆等氢能科学机理、氢能安全基础规律等。这与本书得到的基础理论研究、技术研发热点的结果比较一致。

## 1.6 未来展望与前景

氢能领域目前存在的问题有以下几个方面。

①绿氢目前由于成本较高，相关产业项目发展较慢。

②蓝氢项目发展迅速；但无论其是否结合CCUS，甲烷（$CH_4$）排放量增加明显。

③中国产氢地与用氢地空间距离远，目前以高压气态为主的近距离长管拖车运氢方式存在高排放、高经济成本等问题。

④一些关键技术如质子交换膜、膜电极等仍被国外垄断。

⑤当前用氢端需求的关注方向过于单一，主要集中在氢燃料电池及其交通载体方面。

⑥缺乏政府顶层设计，氢在中国尚未明确其能源属性，而仍被列为危险化学品。

⑦氢能技术标准与检测体系（如氢品质、储运等）滞后、不完善，加氢站审批与监管法规缺失。

氢能领域的发展态势有以下几个方面。

①通过光伏发电、风电及太阳热能等可再生能源电解水制造的绿氢，将是最可行的氢能来源。

②新储氢材料和催化剂将被开发。建设长距离储运的掺氢天然气管道或纯氢管道等基础设施。

③加大技术攻关，攻克制约氢能产业链的关键技术。

④在新型应用场景中，氢能需求得到全面开发。包括炼油、合成氨、甲醇生产等化工领域，炼钢行业，分布式冷热电联供系统的建筑领域等。

⑤政府进一步将氢能纳入能源管理体系，发布国家氢能战略及发展路线图，制定产业政策。

⑥制定制氢和氢品质、储运、加氢站和安全等相关技术标准，健全基于氢能的家庭热电联控、汽车、无人机等应用环节的检测与认证服务。

# 2 储 能

储能（Energy Storage）指通过特定介质或者载体，将能源以某种能量形式储存起来，在需要时再将该种能量形式释放出来的循环过程。能量形式目前主要包括电能、化学能、势能、动能、热能、电磁能、辐射能、核能等。能量存储在储能装置中，经过能量的转换和变换后，再以最适宜于应用的形式供给用户。该过程往往伴随着能量的传递和形态的转化。

随着工业化进程的不断推进，能源需求不断攀升，出于对化石能源不断消耗、碳过量排放、全球气候变化的担忧，各国政府积极推进能源技术创新，加快发展风能、太阳能等可再生能源。不过，间歇性是风电、光伏等可再生能源的一大特点，在其应用规模与比例大幅提升之后，就需要解决新能源发电的随机性、波动性问题，以实现新能源的友好接入和协调控制。而借由储能系统的介入调节，可以渐缓可再生能源因间歇性而带来的负面影响，促进电网结构的优化、增加电力调配的弹性、改善电力质量、提升电压稳定性、促进新能源消纳，从而缓解电力需求供给不匹配所导致的种种问题。可再生能源的发展、分布式能源的推进、新能源汽车的推广、智能电网的建设，都在凸显储能技术的重要性和提供其快速发展的动力。

储能作为能源革命的关键支撑技术，涉及的问题广泛。第一方面是技术上的，新型储能形式如电池储电、相变储热等的技术成熟度还有待提高，尤其是关键材料、核心技术。第二方面是经济上的，与关键技术、能源效率及应用场合密切联系的投资和维护成本也是发展各种储能技术的重要评估内容。第三方面是政策上的，如何建立不同技术类型、面向不同需求的储能应用示范，开展以储能设施实际应用效果为主要依据的补贴，维护补贴最终退坡后储能设施的市场交易体系的稳定有效等问题都需要政策细化。

储能形式多样、技术多元，对于储能技术的选择，应针对应用场景或需求，同时考虑储能容量、功率、存储时间、效率、寿命及成本等因素，做出折中选择，以求在电源侧、输配电系统、电力辅助服务、用户侧、分布式微电网均能发挥重要作用。

## 2.1 发展历程与政策

### 2.1.1 研究方向

储能技术类型多样，按照能量存储方式不同，可以分为机械能储能、电化学储能、电磁储能、蓄热储能等类别。各类储能技术各有其特点，适用于不同场景。

机械能储能。抽水蓄能是最古老，也是目前装机容量最大的储能技术。据中关村储能产业技术联盟（CNESA）统计，2021年抽水蓄能占到所有装机规模的90.3%。它具有技术成熟可靠，使用寿命长，能量转换效率高，装机容量大等优点；但对选址要求高，建设周期长。压缩空气储能循环次数多，使用寿命长；但是响应速度慢，转换效率低。飞轮储能功率密度高，设备体积小，转换效率高，但持续放电时间短。后两者储能形式在2021年各占到总装机规模的0.2%。

电化学储能。虽然装机容量不如抽水储能，但在所有储能技术中增速最快。其中，锂离子电池、钠硫电池、铅酸电池是目前市场占有率较高的电池类型，2021年分别占到总装机规模的6.9%、0.27%和0.26%。锂离子电池适用度高，转换效率高，能量密度大，但是使用寿命和循环次数有待进一步提高，并且存在消防安全隐患。铅酸电池和液流电池均安全可靠，但两者能量密度低，前者循环次数和使用寿命有限，后者循环次数可达近万次，且电解液可回收利用。

电磁储能。超级电容器功率密度大，循环次数多；但单体容量小，持续放电时间短。超导磁储能有极高的功率密度和响应速度；但持续放电时间也极短。基本处于试验研发和示范阶段。

蓄热储能。熔融盐是当前高温储热的首选材料，2021年占到总装机规模的1.8%。显热储能技术最成熟，成本低、寿命长、规模易扩展（图2-1）。

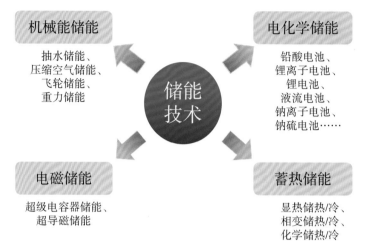

图 2-1　储能技术的分类

## 2.1.2　发展脉络

储能技术的发展经历了较长历史，伏打电池在 200 多年前就已经出现。经过 2 个多世纪的不懈努力，许多新型储能技术的发展日新月异。可再生能源、电动汽车、智能电网及氢经济等领域的持续发展，将有助于储能核心技术的提升、应用成本的降低，扩展储能使用规模与范围，最终获得普及应用（图 2-2）。

1800 年，伏打（Volta）电池出现。1836 年，丹尼尔（Daniell）电池（也称为锌铜电池）面世。

1859 年，法国物理学家、发明家加斯东·普朗特发明了可充电的铅酸电池，并在 19 世纪下半叶被欧美广泛使用于电动汽车，随着石油的开发和内燃机技术的提高而被取代。

1882 年，瑞士苏黎世奈特拉电站建成，这是全世界第一个抽水蓄能电站，利用 153 米的上下库落差达到装机容量 515 kW，而且在汛期将河流多余水量抽蓄到山上的湖泊，供枯水期发电用。

1949 年，压缩空气储能技术被 StalLaval 提出。1978 年，德国的亨托夫（Huntorf）建成首座商业运行的压缩空气储能电站，目前仍在运行中。

1969 年，Ferrier 提出超导电磁储能的概念，该储能方式能够提高电力系统稳定性、改善电能质量，存储效率高、反应快速，被广泛关注。

1983 年，日本 NGK 公司和东京电力公司开始合作开发钠硫电池；1992 年，第一个钠硫电池储能电站建立并运行至今。

1992 年，日本索尼公司发明了以炭材料为负极、钴酸锂为正极材料的锂离子电池，并商业化，其至今仍是便携电子器件的主要电源。

1999 年，锂聚合物电池实现商业化。锂聚合物电池是相当先进的可充电电池，欧洲各国、美国、日本等国家都加大研究力度和开发进程。日本将 1999 年定为锂聚合物电池的元年。

2011 年，美国 Beacon Power 公司在纽约的 8 MW 飞轮项目投入运营，标志着飞轮储能在电网开始大规模商业应用。

2012 年，位于河北张北县的世界上第一个集"风力发电、光伏发电、储能系统、智能输电"于一体的金太阳风光储输示范工程建成。

2014 年，中国科学院工程热物理建成了国际首台 1.5 MW 超临界压缩空气储能示范装置，通过北京市科学技术委员会的验收。

2018 年，瑞士 Energy Vault 公司推出重力塔反馈电池这个电网级重力储能系统，将势能储存在巨大的由可再生环保材料制成的混凝土砌块塔中，需要时将砌块放下，发电释放能量。

2018 年，世界规模最大电网侧电池储能电站在江苏镇江正式并网投运。电网侧电池储能市场的崛起是 2018 年中国储能应用市场最大亮点，中国当年新增电网侧电池储能电站规模接近全球新增装机规模的一半。

2019 年，美国科学家约翰·B.古迪纳夫、英国科学家 M. 斯坦利·威廷汉和日本科学家吉野彰获诺贝尔化学奖，以表彰他们"开发锂离子电池"的贡献。

2019 年，世界首个电网级蓄热储能系统在英国 Hampshire 郡建造完成。该储能系统成本与抽水蓄能相当，但几乎可以建设在任何地方，是最灵活的电网级蓄热储能系统。

2020 年，中国电化学储能突破了过去 7 年反复提及的 1500 元 /kWh 系统成本的关键拐点，是"风光 + 储能"平价的关键时间节点，未来成本有望进一步下行。

2020 年，全球首个商业化运营的液态空气储能电站 CRYObattery 项目在英国曼彻斯特开工建设，英国政府提供 1000 万英镑的补助，该电站成本低廉，同时选址灵活。

2021 年，世界规模最大抽水蓄能丰宁电站投产发电，装机容量世界第一，首次实现抽蓄电站接入柔性直流电网，首次在国内采用大型变速抽水蓄能机组技术，首次系统性攻克复杂地质条件下超大型地下洞室群建造关键技术。

图 2-2 储能技术的发展历程

## 2.1.3 政策支持

储能作为一个新兴产业，其多种多样的储能技术能否发展及其发展速度，主要取决于该技术的规模等级、设备形态、技术水平、经济成本等，而政策的推动及价格机制的完善更是影响储能技术发展的重要因素。目前，全球创新大国均在积极推进有利于储能技术发展的政策举措：一方面通过示范项目、采用一些激励政策促进安装等措施帮助建成成熟的储能应用市场；另一方面努力完善制度标准体系，破除制度障碍，确保储能产业的健康可持续发展。

### 2.1.3.1 美国

2011 年，美国 DOE 发布《2011—2015 储能计划》，该计划主要关注如何安装储能系统以实现其最大效用；储能系统的成本、安全性及使用周期的研发和应用事宜；促进技术研发并建设示范项目展示储能的价值链条，通过示范项目的建设及运营反馈指导科研方向；储能设备的工业设计，以实现其大规模产业化生产。

2019 年，美国贸易代表宣布对从中国进口的用于固定式储能系统的锂离子电池征收关税，以保护国内市场，保证供应链安全、电网安全。

2020 年，美国 DOE 发布《储能大挑战路线图》（*Energy Storage Grand Challenge Roadmap*），基本依据本土创新、本土制造、全球部署这 3 个基本原则，以指导美国储能技术的创新为原则，开发并制造能够满足美国国内市场需求的储能技术。

2021 年，美国 DOE 发布了由联邦先进电池联盟编制的《国家锂电蓝图 2021—2030》，对整个锂电池生态系统进行了整体分析，重点是发展可持续的国内供应链。

#### 2.1.3.2 欧洲

2017 年，欧盟成立欧洲电池欧盟（European Battery Alliance, EBA），肩负欧盟在电池产业夺取战略主动权的重任。提出"电池 2030+"计划，该计划为欧洲战略能源技术计划（SET-Plan）的一部分，总体目标为实现具有高性能和可持续的电池功能以适用于每个应用场景。

2018 年，英国发布《零排放之路》战略，计划在英国全国范围内大规模扩建绿色基础设施，减少英国公路上已有车辆的碳排放，并推动零排放乘用车、货车和卡车的普及。

2019 年，欧盟提出新的"欧洲绿色协议"（Europe Green Deal），其将成为新时期欧洲气候政策的纲领性文件，该协议所述的目标被纳入欧洲第一部《气候法案》。同时，欧盟将重新修订之前的能源基础设施监管框架［包括《泛欧能源网络（TEN-E）条例》］，在符合共同利益的项目列表（PCIs）中加入包括电化学储能项目、氢气存储、压缩空气储能等设施，将石油和天然气项目从 PCIs 合格项目列表中删除。

2020 年 12 月 15 日，欧洲电池技术创新平台"电池欧洲"（ETIP Batteries Europe）发布《电池战略研究议程》，明确了到 2030 年欧洲电池技术研究和创新优先事项。

2020 年，欧洲汽车和工业电池制造商协会（EUROBAT）发布《2030 电池创新路线图》，对主流电池（铅、锂和镍基电池）技术、市场及细分领域做出了系列评价和预期，提出了未来储能发展的战略目标。

#### 2.1.3.3 日本

2012 年，日本公布了《绿色增长战略》的核心构成部分《蓄电池战略》，要求在新建公共设施时必须设有蓄电池。为了广泛运用可再生能源，也要加大应用蓄电池。

#### 2.1.3.4 韩国

2016 年，韩国储能系统的电力已经可以通过韩国电力交易所进行交易。

2017 年，韩国政府要求所有超过 1000 kW 的合同供电 / 需求量的公共建筑必须安装储能系统。之后，韩国政府又规定有低电量需求的公共建筑（需求小于 10 000 kW）在 2020 年年底之前引入储能系统，并且储能系统的容量不得低于总容量的 5%。到 2018 年年底，安装储能系统可以从总成本中获得 1%~6% 的税收减免。

#### 2.1.3.5 中国

2011年，在"十二五"规划纲要中，储能作为智能电网的技术支撑在国家政策性纲领文件中首次出现。

2012年，在《智能电网重大科技产业化工程"十二五"专项规划》中，电动汽车和储能成为未来重点。

2014年，国务院发布《能源发展战略行动计划（2014—2020年）》，首次将储能列入9个重点领域。

2016年，是中国能源政策密集出台之年，储能也以很高的频率出现在国家能源领域"十三五"规划之中。储能首次进入国家规划——《中华人民共和国国民经济和社会发展第十三个五年规划纲要》，还出现在《电力发展"十三五"规划（2016—2020年）》《可再生能源发展"十三五"规划》《能源发展"十三五"规划》《能源技术创新"十三五"规划》《能源技术革命创新行动计划（2016—2030年）》《太阳能发展"十三五"规划》《风电发展"十三五"规划》中，各文件均从不同角度对储能的推广应用做出了部署。

2017年，发展改革委等五部委发布《关于促进储能技术与产业发展的指导意见》，这是中国首个大规模储能技术及应用发展的国家级指导性政策，提出了未来10年中国储能技术和产业的发展目标与重点任务。

2019年，中国印发《贯彻落实〈关于促进储能技术与产业发展的指导意见〉2019—2020年行动计划》，明确了完善落实促进储能技术与产业发展的政策、推进储能项目示范和应用等6个方面16项任务措施。

2020年，教育部印发《储能技术专业学科发展行动计划（2020—2024）》，提出拟经过5年左右努力，增设若干储能技术本科专业、二级学科和交叉学科。

2020年，中国在《关于开展"风光水火储一体化""源网荷储一体化"的指导意见（征求意见稿）》中首次提出两个一体化建设，储能对提高电力系统建设运行效益的支撑作用得到重视。

2021年，国家能源局发布《抽水蓄能中长期发展规划（2021—2035年）》以推进抽水蓄能快速发展，适应新型电力系统建设和大规模高比例新能源发展需要。

2021年，发展改革委发布《关于加快推动新型储能发展的指导意见》，将发展新型储能作为提升能源电力系统调节能力、综合效率和安全保障能力，支撑新型电力系统建设的重要举措。

2022 年，发展改革委、国家能源局联合印发了《"十四五"新型储能发展实施方案》，以支撑构建新型电力系统，加快推动新型储能高质量规模化发展。

2022 年，国家能源局发布《"十四五"现代能源体系规划》，明确提出要瞄准包括高效安全储能在内的多项前沿领域，实施一批具有前瞻性、战略性的国家重大科技示范项目（图 2-3）。

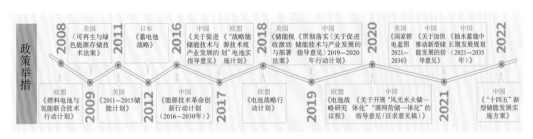

图 2-3 与储能技术相关的政府支持情况

## 2.1.4 资助投入

各国政府为了推动各类储能技术的研发和应用，构建长期稳定的储能市场，从资金投入到税收减免等多角度进行了规划和部署，也让储能技术表现出更强的发展态势和竞争力。

### 2.1.4.1 美国

从 2005 年开始，美国联邦能源管理委员会（FERC）针对辅助服务市场制定了一系列结算和付费补偿机制。2007 年，FERC 发布 890 号法令，规定电力市场允许储能、需求侧响应等非发电资源参与辅助服务和电网服务。2011 年，FERC 发布 755 号法令，制定电力零售市场调频辅助服务按效果付费补偿机制。2013 年，FERC 发布 784 号法令，规定输电网运营商既可以选择从输电服务提供商购买辅助服务，也可以选择从第三方购买辅助服务。

2009 年开始，美国每年推出《可再生与绿色能源存储技术法案》，对可再生能源并网与分布式储能提供投资税收减免和财政补贴。2013 年的法案中提供了投资税减免 20% 的优惠，每个项目封顶额度为 4000 万美元。2015 年的法案对储能项目的贷款提供了支持。

2011 年，美国加州启动的自发电激励计划（Self-Generation Incentive Program，SGIP）涵盖了与太阳能发电或其他 SGIP 发电技术相结合的储能系统，创举性地提出为独立储能系统提供补贴。之后，SGIP 经历了多次调整和修改。

2013 年，美国加州公共事业委员会（CPUC）通过"储能采购框架与设计项目"，确立了三大电力公司到 2020 年完成 1.325 GW 储能采购项目。

2019 年，美国国会提出《储能税收激励与部署法案》，它的目标是让电池和其他电力存储系统有资格获得投资税收抵免（ITC）给予太阳能光伏项目的 30% 的支持。

2020 年，美国众议院通过了《清洁经济就业和创新法案》（H.R. 4447），推动清洁能源创新、运输部门电气化、家庭部门效率提高和电网整体现代化。提出为 DOE 提供储能和微电网拨款，与至少 6 个农村电力合作社就可再生能源的利用与储存及微电网项目展开合作。

2020 年，美国众议院拨款委员会批准通过了一项 2021 财年能源与水资源开发基金法案，拨款 13 多亿美元，包括出资 5650 万美元，用于建设 Grid Storage Launchpad，这是一个由美国西北太平洋国家实验室 (PNNL) 主导的国家储能研究与开发设施。提供 5 亿美元用于资助储能示范项目，这些项目将展示一系列储能技术和方法。向美国先进电池和组件制造商提供至少 7.705 亿美元的补助。

### 2.1.4.2 欧洲

2013 年，德国确立小型户用光伏储能投资补贴计划，功率 30 kW 以下、与户用光伏配套的储能系统提供 30% 的安装补贴，并通过德国复兴发展银行的"275 计划"对购买光伏储能设备的单位或个人提供低息贷款。

2016 年，德国调整新一轮"光伏 + 储能"补贴计划，补贴总额 3000 万欧元。2018 年截止。

2016 年，英国储能市场越发活跃，英国国家电网 200 MW 先进调频服务（EFR）的中标技术全部为储能技术。

2017 年，英国通过法拉第电池计划，支持相关企业如 Aceleron 等利用新的电池科学和技术能力来帮助解决英国正在面临的问题及需求。同年，英国公布了"清洁增长战略"，将从 2020 年开始通过设置一笔额度高达 25 亿英镑的绿色投资，来削减各经济领域的碳排放。

德国政府支持电动汽车替代发动机技术，将其应用于当地公共交通和铁路运输。2017 年，德国启动《清洁空气立即行动计划（2017—2020 年）》和相关措施，政府向受空气污染影响的城镇提供约 20 亿欧元的资金，用于加强交通电气化、当地交通系统数字化和当地柴油公交车改造。投入 10 亿欧元用于柴油车加装尾气处理系统及加快各领域汽车电动化。

2019 年，德国政府发布"充电基础设施总体规划"，政府大力推进电动汽车市场，目标是提供足够可靠和用户友好的充电基础设施。政府鼓励购买电动汽车，将购买电动汽车的环保补贴延长至 2025 年，并增加了补贴总金额。同时，政府正努力生产本土电池，确保电动汽车制造商能够以有吸引力的条件生产汽车。

2020 年，欧盟公布了"下一代欧盟"的经济复苏细节，包括 5000 亿欧元的拨款和 2500 亿欧元的贷款。约 1/4 的复苏资金会流向与推动欧盟绿色能源发展相关的项目，包括设立"战略投资工具"投资清洁能源技术，成立由政府、大学和企业组成的"清洁氢联盟"及支持电池产业的研发。

2021 年，欧洲电池创新（European Battery Innovation）项目得到欧盟委员会批准，这是欧洲电池欧盟（EBA）框架下的电池研发系列项目，将有 29 亿欧元基金用于整个电池产业链，包括原材料开采、电芯设计、电池组系统和回收供应链。

2021 年，英国发布"智能系统和灵活性计划"（The Smart Systems and Flexibility Plan），概述了政府、英国能源监管机构和能源企业将采取的 32 项具体行动，其中包括开发电力存储和电网互联技术——大规模电力存储及小规模与家庭电力存储。

### 2.1.4.3 日本

20 世纪 70 年代以来，日本开始投入大量资金进行电池技术的研发，包括铅酸电池、液流电池、钠硫电池、锂离子电池等。

20 世纪 90 年代，日本开始对以钠硫电池为主的储能技术进行支持，不仅在钠硫电池前期研发上给予无偿资金支持，扶持大量示范项目，而且还在其投入商用后进行财政补贴。

2011 年，日本政府在地震之后，拨款 15.1 亿日元用于研发包括新燃料电池、能源交易体系蓄电池等在内的储能相关技术。

2014 年，日本经济产业省发起新一轮针对锂离子电池储能系统的补贴计划，共划拨 100 亿日元，给予购买者购买系统价格 2/3 的资金补贴。

2015 年，日本政府共划拨 744 亿日元，针对安装储能电池的太阳能或风能发电公司给予补贴。

2016 年，日本政府发布《能源环境技术创新战略 2050》，将储能列入其中，指出要研究低成本、安全可靠的快速充放电先进蓄电池技术。

2022 年，日本经济产业省将出资 16 亿日元，联合丰田、本田、日产、松下、GS 汤浅、东丽、旭化成、三井化学、三菱化学等大型汽车厂商、电池和材料厂商，共同研发固态电池。

#### 2.1.4.4 韩国

2020 年，韩国发布绿色新政计划，其能源重心将向智能电网和电力控制方向偏移。未来，先进电表基础设施、储能系统和分布式能源都将进入政府的首要投资名单。

2020 年，韩国南韩电力公社（KEPCO) 宣布，未来 5 年将投资 32 亿~37 亿元部署 1.8 GWh 储能的计划，旨在延后输电网基础设施投资。

#### 2.1.4.5 中国

2019 年，《南方区域电化学储能电站并网运行管理及辅助服务管理实施细则（试行）》发布，出台我国首个储能补贴机制。

2019 年，世界银行全球最大的储能项目"中国首个专项支持储能的金融产品"的规模达到 3 亿美元，为中国可再生能源和电池储能促进项目。

## 2.2 科技研发与成果

### 2.2.1 论文专利走向

储能技术的发展历史悠久，抽水蓄能电站和铅酸电池在 19 世纪下半叶就已经出现。通过相关论文和专利的走向可以初步判断储能技术的发展趋势，近 10 年论文和专利等科技成果数量的大幅增加，与各国政府对储能的日益高度关注及多种政策扶持有关（图 2-4）。

### 2.2.2 论文年度变化

与储能相关的第一篇 SCIE 论文于 1947 年发表，之后进入漫长的萌芽阶段；直到 1990 年之后论文年发表数量超过 100 篇，开始缓慢增长；2010 年后进入迅猛增长期，在 2020 年及之后储能相关论文年发表量超过 1 万篇（图 2-5）。论文发表以期刊论文为主，会议论文不到总量的 19%，而且可能受到新冠疫情的影响，近年会议论文数量骤减。

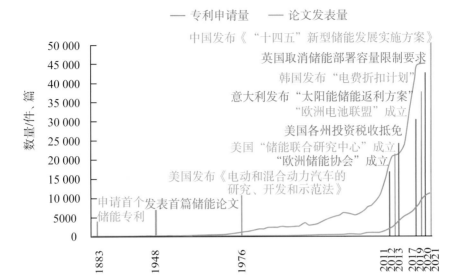

图 2-4　储能相关领域专利申请和论文发表的趋势

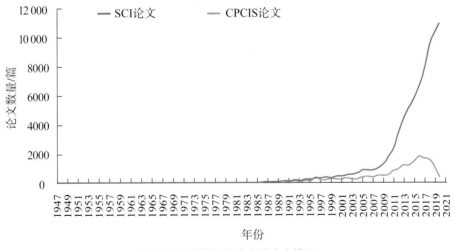

图 2-5　储能相关论文的发表情况

### 2.2.3　专利年度变化

从图 2-6 可见，自从 1883 年出现第一份专利申请到 20 世纪 60 年代，储能相关专利申请一直处于萌芽状态，年申请数量均少于 500 件；1970—2009 年，专利数量进入缓慢增长阶段；2010 年至今，储能相关专利的申请数量处于快速增长阶段，2018 年的专利申请量已超过 30 000 件。储能相关专利的总授权率达到 49.01%。PCT 专利和三方专利的数量也有了相应的增加，但在所有专利中的占比仍然很低。

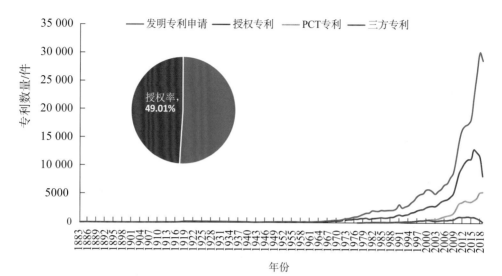

图 2-6　储能相关专利的申请和授权情况

## 2.2.4　基础、应用和市场

　　储能技术以机械能储能、电化学储能、电磁储能和蓄热储能为主。基于相关论文的发表情况，储能的基础研究以电化学储能中的锂离子电池和电磁储能中的超级电容最多；基于相关专利的申请情况，储能的技术研发以电化学储能中的锂离子电池和铅酸电池最多；基于装机规模情况，抽水储能、锂离子电池和钠硫电池为市场主要占有者（图 2-7）。

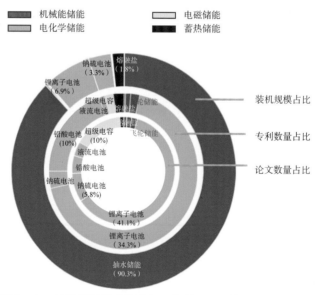

图 2-7　储能相关技术的论文、专利和装机情况

# 2.3 地区竞争与合作

## 2.3.1 地区创新分布

中国、美国和韩国是发表储能相关论文最多的国家/地区，其次是日本、德国、澳大利亚、印度、英格兰、加拿大和法国。基于论文的平均被引用次数，新加坡、美国和澳大利亚的学术影响力居全球前列。而中国的学术影响力已经有了明显提升，虽然目前仍不及美国；在2010年，中国论文的平均被引用次数已超过日本（图2-8）。

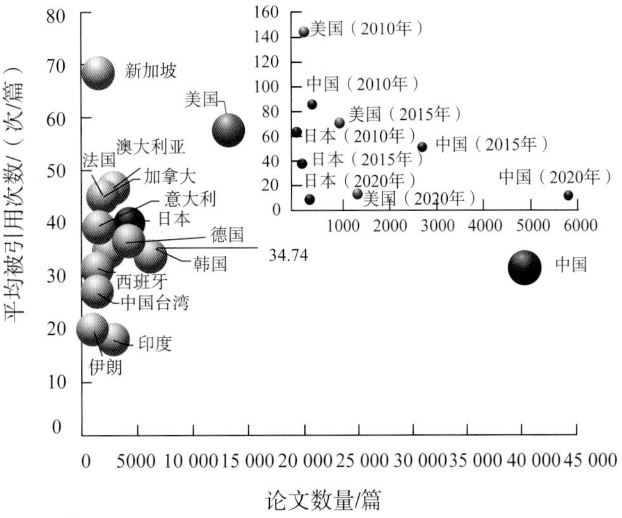


图2-8 储能相关论文发表数量前15位国家/地区的情况

注：小图是中国、美国、日本分别在2010年、2015年、2020年的论文数量和平均被引用次数，单位同大图。

中国、日本和韩国3个东亚国家所申请的储能相关专利申请数量居全球前三；其次为美国、德国、法国、英国、加拿大、瑞士和意大利。从专利的被引用情况来看，中国专利的平均被引用次数为全球专利申请数量前15位国家中的最低；但是中国在不断提升，到2015年，中国与日本的差距已经较小（图2-9）。

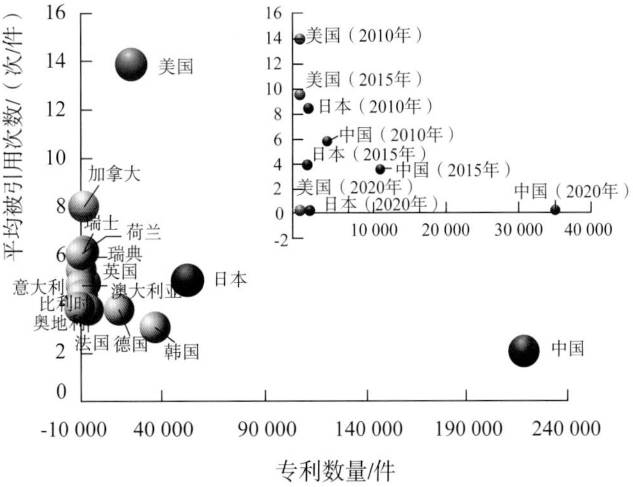


图2-9 储能相关专利申请数量前15位国家的情况

注：小图是中国、美国、日本分别在2010年、2015年、2020年的专利数量和平均被引用次数，单位同大图。

## 2.3.2 国家年代趋势

中国、美国、韩国、日本和德国是发表储能相关论文前 5 位的国家，从图 2-10 可见，以上国家在 4 个年代中的论文占比变化情况。中国在 1996 年及之前，在全球的占比不足 3%，之后逐年增加，直至 2016—2021 年占到论文总量的近57%，超过全球一半。德国的论文占比也在不

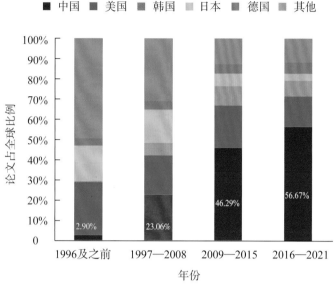

图 2-10　储能相关论文发表数量前 5 位国家在 4 个年代的全球占比情况

断增加，2016—2021 年占比达到 5.4%。与之相反的是日本，占比逐年减少。美国和韩国的趋势则是在第 3 个年代增长，而在第 4 个年代又下降。

中国、日本、韩国、美国和德国的专利申请数量居全球前 5 位，但它们在各个年代的占比并不一致。中国从最初0.56% 的占比逐年增加到最近的约 72%。日本与美国的全球占比则均在最近的 3 个年代中依次减少。韩国和德国在2009—2015 年占比上升后，又在最近的年代降下来（图 2-11）。

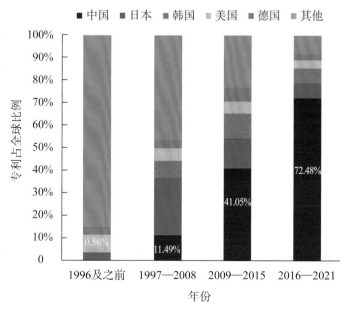

图 2-11　储能相关专利申请数量前 5 位国家在 4 个年代的全球占比情况

### 2.3.3 国家逐年走向

中国发表的储能相关论文数量在 1999 年超过德国居全球第 3 位，2004 年超过居第一、第二的美国和日本成为全球发表论文数量最多的国家。中国与其他国家的差距正在迅速拉大，2021 年中国发表的储能相关论文占到全球总量的 57.4%。韩国于 2002 年和 2012 年分别超过德国和日本居全球第 3 位（图 2–12）。

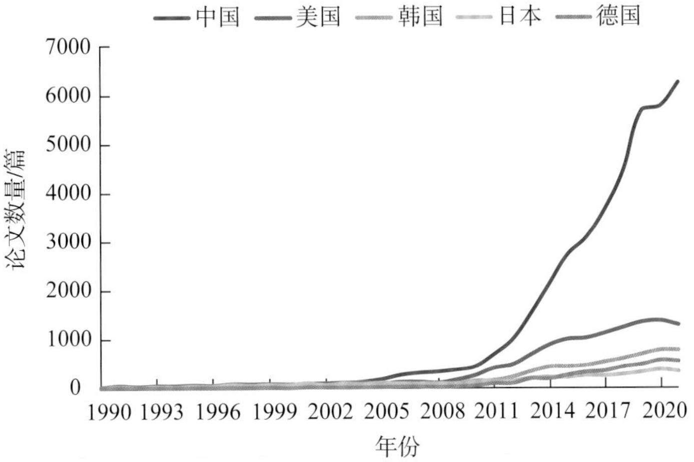


图 2–12 储能相关论文发表数量前 5 位国家逐年变化情况

中国储能相关专利申请数量于 2001 年超过德国，2003 年超过美国，2006 年超过韩国，2008 年超过日本，成为第一大储能专利申请国。韩国于 2013 年超过日本居全球第 2 位（图 2–13）。

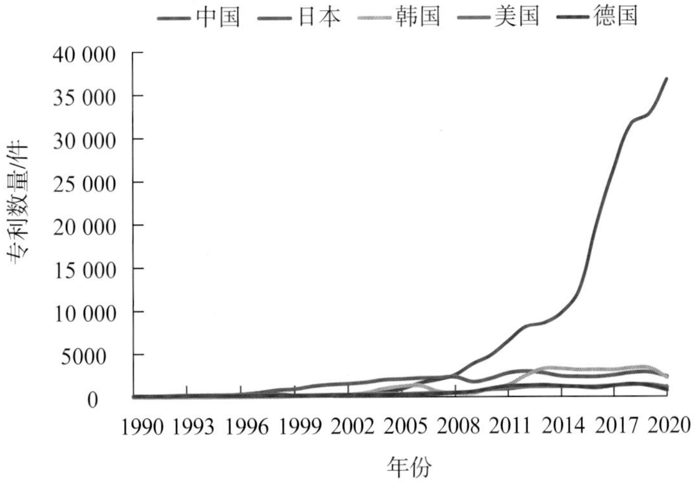


图 2–13 储能相关专利申请数量前 5 位国家逐年变化情况

### 2.3.4 国际专利分布

从图2-14可见，在全球储能相关专利申请数量前10位的国家中，日本的国际专利申请数量最多，达到39 505件；其次是韩国和美国，均超过16 000件；德国位居第四。中国的储能专利申请量虽然居全球第一，但国际专利的数量不足1万件，居全球第5位，排在日本、韩国、美国和德国之后。

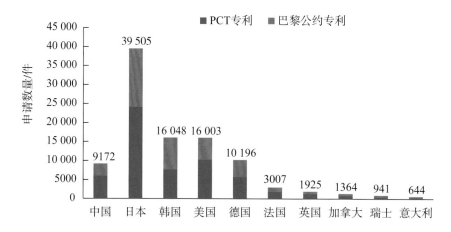

图2-14 储能相关专利申请数量前10位国家国际专利申请情况

中国国际专利占其所有专利数量的比例为4.2%，而其他前10位的国家中占比最低的韩国为44%。前10位国家中，瑞士所有专利均在本国之外申请了专利授权，其次是意大利有98.47%的专利为国际专利。中国以PCT途径为主申请储能技术的国际专利（图2-15）。

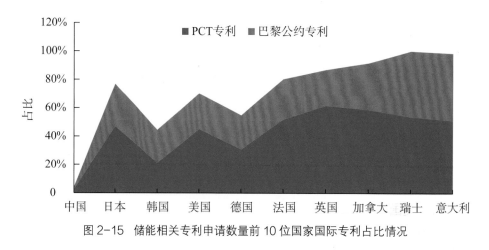

图2-15 储能相关专利申请数量前10位国家国际专利占比情况

中国 PCT 专利中，在 WIPO 申请即国际阶段之后，未再进入任何国家申请授权即未进入国家阶段的 PCT 专利占比为 7%，而仅在中国申请授权的 PCT 专利占比为 43%，两者之和超过总量的一半，远高于其他国家。前 10 位国家中，意大利、英国和瑞士 PCT 专利平均进入国家数量最多；而中国与储能相关的 PCT 专利平均进入国家数量仅为 2.12 个，远低于其他前十国家，表明中国尚未进行有效的国际知识产权布局（图 2-16）。

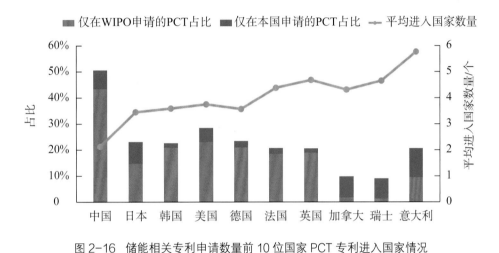

图 2-16　储能相关专利申请数量前 10 位国家 PCT 专利进入国家情况

## 2.3.5　国家合作格局

如图 2-17 所示，中国、美国、韩国、日本、德国、澳大利亚、印度、英格兰、加拿大和法国这 10 个储能相关论文发表居全球前十的国家 / 地区，论文合作较为紧密。其中，中国和美国合作论文数量最多，达到 3555 篇；其次是中国和澳大利亚达到 1461 篇、中国和英格兰达到 714 篇。另外，美国和韩国、中国和德国、中国和日本、中国和加拿大、中国和韩国、美国和加拿大、美国和德国的合作论文数量也较多。中国和美国是全球储能相关基础研究的合作中心。

如图 2-18 所示，中国、日本、韩国、美国、德国、法国、英国、加拿大、瑞士、意大利这 10 个储能相关专利申请数量居全球前十的国家，在技术研发方面有一定的合作。其中，韩国和德国的合作最多，有 1080 件专利为共同申请。其次是美国和德国、中国和美国，分别共同申请了 417 件和 310 件专利。另外，日本和美国、日本和韩国、美国和韩国、美国和加拿大、日本和德国、中国和德国、美国和英国也有较多合作。美国和德国是储能技术研发的国际合作中心。

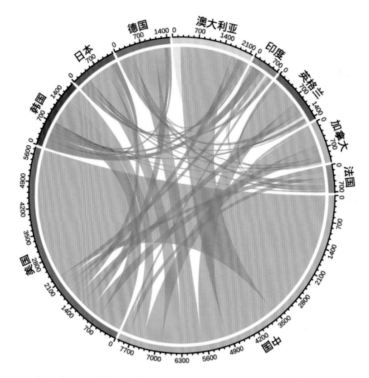

图 2-17  储能相关论文发表数量前 10 位国家 / 地区合作论文篇数（单位：篇）

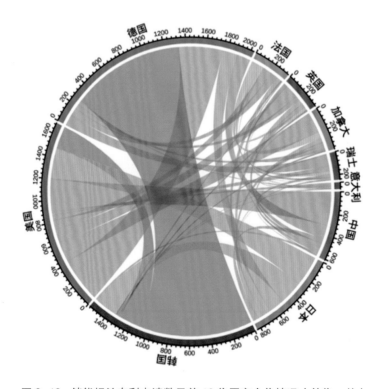

图 2-18  储能相关专利申请数量前 10 位国家合作情况（单位：件）

### 2.3.6　城市合作格局

中国的北京和上海，以及韩国的首尔是全球发表储能相关论文数量最多的前 3 个城市。由于中国发表论文的总量庞大，储能论文发表机构所在城市之间的合作也以中国国内城市合作更为频繁：北京是储能基础研究的国内合作中心，与上海、深圳、天津合作紧密；此外，深圳与香港依托地缘优势，合作也较多。国内城市合作的情况，在其他国家中也较为常见。国际合作次数最多的城市是新加坡，与北京、南京、上海等城市均有密切合作；另外，上海与澳大利亚的卧龙岗，北京与美国的亚特兰人等城市之间的合作也较为密切（图 2-19）。

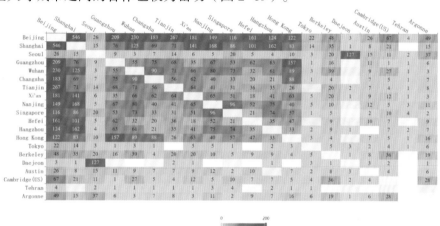

图 2-19　储能相关论文发表城市的合作情况

## 2.4　机构实力与排名

### 2.4.1　理论研究机构

全球发表储能相关论文最多的前 20 个机构，全部为大学或研究机构。中国有 13 个机构入围，这是中国储能基础研究的中坚力量，其中中国科学院居全球首位，共发表储能相关论文 5787 篇。另有 4 个美国机构，德国、法国、新加坡各 1 个机构。基于平均被引用次数，新加坡南洋理工大学、美国能源部和美国阿贡国家实验室的学术影响力较大，中国的复旦大学、中国科学技术大学、中国科学院分别居第六、第七、第八（图 2-20）。

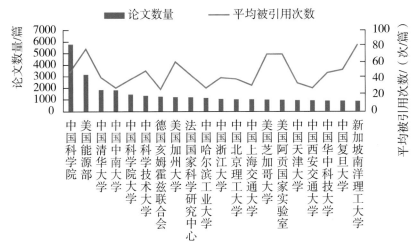

图 2-20　储能相关论文发表的全球前 20 个机构情况

中国发表储能相关论文最多的前 20 个机构中，亦全部为大学或研究机构。中国科学院、清华大学和中南大学发表的论文数量居全国前列。基于平均被引用次数，南开大学、复旦大学和中国科学技术大学学术影响力位列全国前三（图 2-21）。

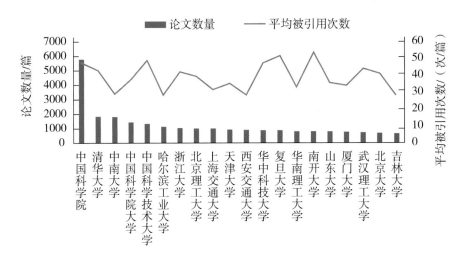

图 2-21　储能相关论文发表的中国前 20 个机构情况

## 2.4.2　技术研发机构

全球申请储能相关专利最多的前 20 个机构中，有 12 个日本企业，5 个中国企业，2 个韩国企业，1 个德国企业。其中，日本丰田汽车、韩国 LG 化学、韩国三星 SDI 位居全球前三。中国宁德时代新能源、中国合肥国轩高科动力能源、中国比亚迪则是中国技术发展的中坚力量（图 2-22）。

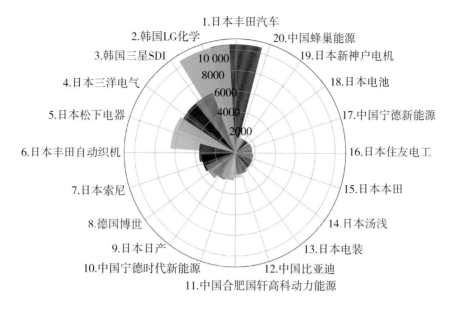

图 2-22　全球前 20 个机构的储能专利申请件数（单位：件）

前 20 个储能相关专利申请机构中，有以中南大学为首的 5 个大学入围，其余全为企业。企业是将科技成果转化为产品的直接执行者，技术研发应以企业为主体，或者对产学研结果进行相关技术的研发（图 2-23）。

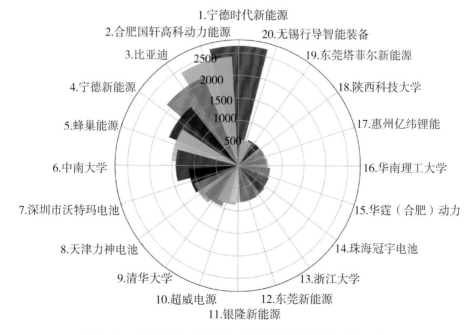

图 2-23　中国前 20 个机构的储能专利申请件数（单位：件）

## 2.5　研发热点与趋势

### 2.5.1　基础理论研究

　　本报告基于储能子技术论文 / 专利数量与储能技术论文 / 专利总量的比较而创建了一个新的指标：论文增长相对指数，它不以子技术的绝对数量增长或减少为评价依据，而依托其占到所有储能论文 / 专利总量比例，以表征该储能子技术的相对增减情况。结果发现，钠离子电池、锂硫电池、金属空气电池、超级电容器储能、熔融盐储热、液流电池的基础研究数量高于储能技术的平均水平，且研究逐年增强；锂离子电池在 2017 年之前超出平均水平，之后低于平均水平，研究在削弱；锂聚合物电池的基础研究从 2020 年开始相对增强，但仍没有达到平均水平；铅酸电池、超导磁储能、飞轮储能低于平均水平，且研究成果产出逐年降低（图 2-24）。

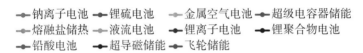

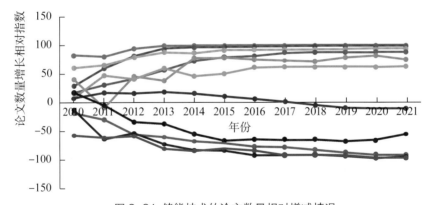

图 2-24　储能技术的论文数量相对增减情况

　　为了了解储能领域基础理论的研究热点，将高被引论文进行引文耦合分析得到主题类似的聚簇（图 2-25），再对聚簇主题进行解读，获得每个簇类所代表的论文研究热点。从表 2-1 可见，超级电容器、锂离子电池、锂硫电池、蓄热储能和金属空气电池，是储能基础研究的热点所在。

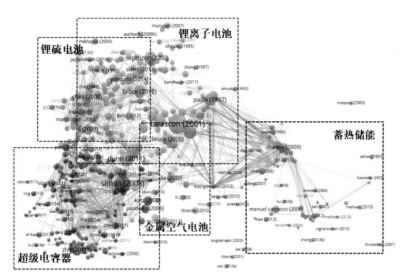

图 2-25　储能技术相关论文的研究热点

表 2-1　储能技术相关论文的研究热点及论文关键词

| 序号 | 研究热点 | 论文关键词 |
|---|---|---|
| 1 | 超级电容器 | graphene; flexible;MnO₂;carbon nanotubes;asymmetric supercapacitor;all-solid-state; carbon nanosheets;conducting polymer;energy density;micro-supercapacitors |
| 2 | 锂离子电池 | anode; electrolyte; cathode; cycle life; cyclic performance; ionic conductivity; metal oxides; Nickel; polymer electrolyte |
| 3 | 锂硫电池 | electrolytes; sulfur; polysulfide; carbon-sulfur composite; cathode; composite cathodes; cell configuration; sulfur-carbon bonds; graphene-sulfur composite; disordered carbon nanotubes; electrode structure; hollow carbon capsule; high cycling stability |
| 4 | 蓄热储能 | phase change materials (PCMs); latent heat; heat transfer; encapsulation; solar energy; building; concentrating solar power; heat transfer rate; high temperature; phase change; thermal conductivity |
| 5 | 金属空气电池 | li-air batteries; performance; electrode; polymer electrolyte; carbon nanotube; catalyst; electrocatalysis; electrochemical properties; electrode; nitrogen-doped carbon; cathode material; high-capacity; ordered mesoporous carbons; oxygen reduction reaction; platinum |

## 2.5.2　技术研发研究

　　基于专利数量增长相对指数，发现锂硫电池、钠离子电池、超导磁储能、抽水储能的技术研发数量高于储能技术的平均水平，且逐年增强；液流电池、金属空气电池、锂离子电池、超级电容器储能、锂聚合物电池、铅酸电池的研发数量有所波动，但大多处于平均水平以上；飞轮储能、熔融盐储热、压缩空气储能低于平均水平，且逐年减弱（图 2-26）。

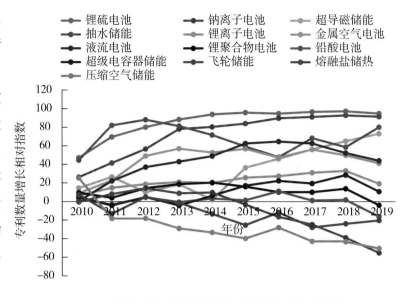

图 2-26　储能技术的专利数量相对增减情况

为了了解储能领域技术研发的研究热点，将高被引专利进行引文耦合分析得到主题类似的聚簇（图 2-27），再对聚簇主题进行解读，获得每个簇类所代表的专利研究热点。从表 2-2 可见，较多专利关注蓄热储能、飞轮储能、压缩空气储能、抽水储能、电池测试、电池充电等技术的研发，这是储能应用研究的热点。

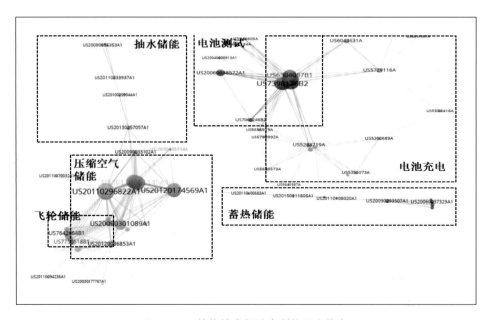

图 2-27　储能技术相关专利的研究热点

表 2-2 储能技术相关专利的研究热点及专利关键词

| 序号 | 研究热点 | 专利关键词 |
| --- | --- | --- |
| 1 | 蓄热储能 | thermal energy storage; high efficiency refrigerant; refrigerant-based; cooling system; heat exchange capability; evaporator coil; pressure vessel; thermal storage reservoirs; thermostat module |
| 2 | 飞轮储能 | flywheel energy storage; direct current bus voltage; power failure; backup power; signal; frequency; phase angle; control parameters; induction motor generator |
| 3 | 压缩空气储能 | compressed air storage system; turbine rotor; heated compressed air; heat exchanger; electrical generator; flow control valve; hybrid combustion turbine; power plant; air storage cavern; waste heat recovery |
| 4 | 抽水储能 | wind-pumped hydro electric power; dynamic local; supervisory control; internet; data input; forecast; demand drop; water tower; generating hydroelectricity; gravity wall |
| 5 | 电池测试 | battery tester; charger; input; display; automatically gathering; information; condition; calibrating; sensor; overdischarge |
| 6 | 电池充电 | step-charging; charge acceptance; current control; pulse-charge battery; nominal critical terminal voltage; shunt recognition; control system; fast pulse charger; detector |

我国"十四五"新型储能八大技术试点示范项目包括：百兆瓦级先进压缩空气储能系统应用；钠离子电池、固态锂离子电池技术示范；锂离子电池高安全规模化发展；钒液流电池、铁铬液流电池、锌溴液流电池等产业化应用；飞轮储能技术规模化应用；火电抽汽蓄能、核电抽汽蓄能示范应用；可再生能源制储氢（氨）、氢电耦合等氢储能示范应用；复合型储能技术示范应用等。与本报告识别的理论研究和应用研发热点多有重叠。

## 2.6 未来展望与前景

储能科技创新再次活跃，喻示着城市在能源经济、能源格局、能源可持续发展方面面临重大的战略机遇和挑战。城市一改过去单纯能源消费环节的角色，而成为能源生产、再生、利用、存储和平衡的重要节点，其中储能技术连同其他绿色能源技术在其中发挥关键功能。

储能技术在应对可再生能源发电的间歇性和波动性以实现发电的平滑输出，以及用于电网的削峰填谷和电能质量改善上，尚不能满足需求，未来发展之路包括以下几点。

（1）多能联供联储是实现清洁能源高效消纳目标的有效途径

储能技术路线众多，各有优势和局限性，以及适合的应用场景。故难以用一种储能技术满足新能源电网并网需求，未来也将是多项技术共同发展。

（2）储能技术的研究热点和未来发展方向呈现"百花齐放"态势

钠离子电池、锂硫电池、金属空气电池是电化学储能发展方向；重力储能是新的机械储能方式；混凝土显热储热、石蜡相变储热等技术正在研发。

（3）政策支持、激励举措和市场环境是发展的核心驱动力

推进储能技术的市场化发展和规模化应用，需要加快政策机制建设，进一步细化支持发展的激励措施和市场机制。

因此，提出储能产业发展建议如下：在城市能源规划方面重视储能技术；从提升能源零碳效能和综合效率切入；在城市储能技术研发创新方面统筹研判、融合思考、极优设计；在城市新建区域及城市改造中为储能技术集成应用提供场景驱动力。

# ● 3　碳捕集、利用与封存

碳捕集、利用与封存（Carbon Capture, Utilization and Storage, CCUS）指将 $CO_2$ 从工业或其他排放源，甚至空气中分离后加以利用于生产新产品，或者封存以实现被捕集 $CO_2$ 与大气的长期隔离，从而实现 $CO_2$ 减排固碳和大气中碳循环再平衡。自 20 世纪 80 年代起，科学家开始提出将 $CO_2$ 封存于天然气藏、咸水层等地质结构的设想；随后政府间气候变化委员会（IPCC）、欧盟等组织相继提出并定义了 CCS（Carbon Capture and Storage）的概念；中国结合本国实际提出了 CCUS 概念，增加了对 $CO_2$ 资源化利用的相关表述，包括以 $CO_2$ 为原料、溶剂或工质进行生物产品制造或合成过程。

$CO_2$ 是一种无色、无味的气体，于 1754 年被英国科学家布莱克发现。大气中的 $CO_2$ 浓度是碳源排放与碳汇两者相平衡的结果，碳源排放主要来自化石燃料燃烧、动植物和微生物的呼吸作用等；碳汇则是从大气中清除 $CO_2$ 的过程、活动或机制，包括植物的光合作用、海洋的吸收等。$CO_2$ 具有吸热和隔热的功能，可以使地球温度维持稳定。但如果大气中 $CO_2$ 浓度过高，则会直接导致地球气候变暖。第一次工业革命以来，煤、石油、天然气等大量开采和使用。200 多年的时间里，化石能源燃烧所产生的 $CO_2$ 累计已达 2.2 万亿吨，全球大气中 $CO_2$ 浓度持续上升，造成明显的地球气候变化，对世界各国产生日益重大而深刻的影响。

CCUS 技术对于应对气候变化、保持经济社会可持续发展有着不可替代的意义。首先，大幅减少全球 $CO_2$ 排放甚至直接捕集 $CO_2$ 等负碳技术是实现 2℃ 温控目标的关键，预计至 2060 年累计减排量的 14% 来自 CCUS。其次，CCUS 技术具有降低减碳成本的潜力，IEA 研究发现要实现 2℃ 温控目标，如果没有 CCUS 技术，总减排成本将增加 70%。再次，CCUS 技术是工业部门深度减排的可行技术，削减工业部门的碳排放成为应对气候变化的重要环节，而 CCUS 能极大地减少来自电力、工业和综合性运输燃料生产过程中的碳排放。最后，CCUS 技术可实现煤炭大规模低碳使用，促进我国从以化石能源为主的能源结构向低碳多元供能体系平稳过渡，有效强化并提升常规油气资源采收率、降低能源对外依存度，在满足减排需求的前提下保障我国的能源安全。2019 年《麻省理工科技评论》上公布的全球十大突破性技术榜单之一，为实用且经济地从空气中直接捕获 $CO_2$ 的方法，这种高难度的应对气候变化的途径，可能是解决资源环境生态困境的有效应对方法之一。

## 3.1 发展历程与政策

### 3.1.1 研究方向

碳捕集、利用与封存（CCUS）是一项针对以 $CO_2$ 为主的温室气体，实现化石能源大规模低碳高质利用的技术组合，是未来减少全球 $CO_2$ 排放和保障能源安全的重要战略技术选择。CCUS 的产业链主要包括排放源、捕集、输送、利用与封存、产品 5 个环节。早在 1964 年，美国 Mead Strawn 油田首次实施了注 $CO_2$ 驱油以提高原油采收率的探索，这最早的 CCUS 工程。

CCUS 排放源包括高浓度排放源和低浓度排放源，涉及的领域涵盖煤化工、煤电、制氢、燃气、冶金、炼钢、水泥、天然气等多个重碳高耗能行业。

CCUS 中的碳捕集是指将电力、钢铁、水泥等行业利用化石能源过程中产生的 $CO_2$ 进行分离和富集的过程。按照捕集 $CO_2$ 位置的不同，可将碳捕集技术分为燃烧前捕集、燃烧中捕集、燃烧后捕集三大类。燃烧前捕集主要运用于整体煤气化联合循环系统 (IGCC) 中，将化石燃料气化成煤气，再经过水煤气交换得到 $H_2$ 和 $CO_2$。气体压力和 $CO_2$ 浓度都很高，容易捕集，$H_2$ 混合气经碳分离获得的高纯氢气可作为燃料。该技术能耗低，在效率及污染控制方面有一定潜力，但工艺路线复杂，投资成本高，可靠性待提高，且与传统燃煤电厂无法兼容。燃烧中捕集主要有富氧燃烧技术和化学链燃烧技术。富氧燃烧技术采用传统燃煤电站的技术流程，利用纯氧或富氧气体混合物替代空气助燃，烟气的 $CO_2$ 浓度可达 70%~85%，易于分离。富氧燃烧技术具有相对成本低、易规模化、适于存量机组改造等诸多优势，被认为是最可能大规模推广和商业化应用的 CCUS 技术之一，但存在制氧技术的投资和能耗太高的问题。化学链燃烧技术是将传统的燃料与空气直接接触反应的燃烧，借助于载氧体的作用分解为 2 个气固反应，燃料与空气无须接触，由载氧体将空气中的氧传递到燃料中。这可以实现能量梯级利用，燃烧和再生空间上的分离使其具有近零能耗、内分离 $CO_2$ 的功能，该技术的缺点在于装置投入大，无法适用于现有火电机组改造。燃烧后捕集指从燃烧排放的烟气中分离 $CO_2$，主要有化学吸收法、物理吸收法及膜分离技术等。该工艺成熟，分离解析的能耗较高，捕集系统较为庞大。

CCUS 中的碳输送指将捕集的 $CO_2$ 安全、可靠地运送至封存地的过程，是连接捕集和封存的纽带。常用的输送方式与油气运输相似，包括管道、船舶、铁路和公路等。

CCUS 中的碳利用指利用 $CO_2$ 的不同理化特征，生产具有商业价值的产品。2021 年，中国首次实现从 $CO_2$ 到淀粉的完全合成，这是极有价值的 $CO_2$ 利用研究。碳封存指通过工程技术手段将捕集的 $CO_2$ 注入深部地质储层，实现 $CO_2$ 与大气长期隔绝的过程。按照地质封存体的差异，可分为陆地咸水层封存、海底咸水层封存、枯竭油气田封存等（图 3-1）。

CCUS 技术通过捕集和封存化石能源产生的 $CO_2$，或者利用 $CO_2$ 合成产品，或者直接从大气中移除 $CO_2$ 来减少大气碳库中的 $CO_2$，同时做到了"低碳减排"与"变废为宝"，是实现碳中和目标的重要保障技术。

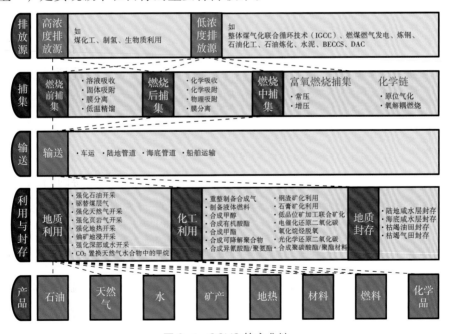

图 3-1 CCUS 的产业链

## 3.1.2 发展脉络

CCUS 技术在捕集、输送、利用与封存等关键环节仍存在技术性、安全性、经济性等难题，广泛的部署和应用具有很大的挑战，迫切需要通过大规模的示范项目对 CCUS 商业化和大规模部署积累足够的知识与经验。在示范项目实施方面，优先支持有行业、地区特色，低成本、规模适度且近期有较大推广价值的重点示范项目，培育相关产业发展。目前，在全球范围内开展了众多CCUS工业规模示范项目，按使用场景划分的典型项目如下（图3-2）。

（1）$CO_2$ 封存

1996 年，挪威的全球首个工业级咸水层 $CO_2$ 埋存项目 Sleipner 启动。

2008 年，挪威的全球首个商业化 $CO_2$ 封存 Snohvit 项目运行。

2019 年，澳大利亚的全球最大专用于地质封存的 Gorgon 项目运行。

（2）$CO_2$ 运输

2020 年，全球容量最大的加拿大 $CO_2$ 运输设施 Alberta Carbon Trunk Line (ACTL) 运行。

（3）电力行业

2007 年，中国华能集团在北京高碑店燃煤电厂建设了首个燃烧后捕集中试项目。

2010 年，中国胜利油田全球首套燃煤电厂 $CO_2$ 捕集与驱油封存联用示范工程投产。

2014 年，加拿大的全球首个工业化电厂 SaskPower 边界大坝项目运营。

2017 年，美国的 Petra Nova 碳捕集项目运行。

2017 年，中国国华锦界电厂首个 $CO_2$ 捕集与咸水层封存 CCS 项目在建。

（4）化工行业

2000 年，美国的全球首个煤制天然气工厂大平原合成燃料厂项目运行。

2013 年，美国的阿瑟港空气化工项目运营。

2017 年，美国的伊利诺伊州工业碳捕集项目运行。

（5）建筑行业

2017 年，阿联酋的全球首个大规模应用 CCS 的钢铁项目阿布扎比项目运行。

2020 年，挪威的首个在建的水泥行业 CCUS 北极光项目运行。

（6）天然气行业

1986 年，美国的从天然气处理工厂捕集 $CO_2$ 驱油的 Shute Creek 项目运行。

（7）水泥行业

2020 年，挪威国家石油公司、壳牌和道达尔共同开发的北极光项目，获得挪威政府 20 亿欧元的资助,计划 2024 年投产。示范项目较少,大部分处于规划阶段。

（8）全产业链

2015 年,全球首个基于燃煤电厂改造的全流程大规模一体化示范项目——加拿大边界大坝 CCUS 示范项目正式投入运营。

2022 年,中国最大 CCUS 工程齐鲁石化－胜利油田 CCUS 项目建成。

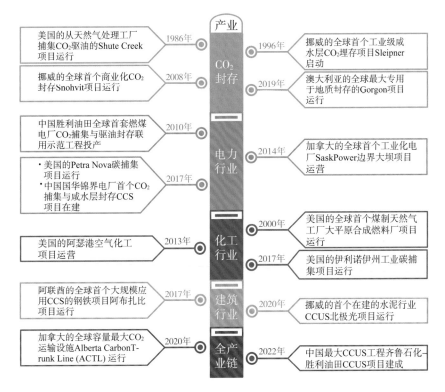

图 3-2  CCUS 全球范围内主要示范项目

## 3.1.3  政策支持

$CO_2$ 是温室气体的主要成分,对地球变暖、气候变化负主要责任。这已经不是一个或几个国家需要面对和解决的问题,因此多个国际组织参与降碳工作。CCUS 技术是国际公认的实现 $CO_2$ 近零排放的新技术,一个国家法律法规的支持对该技术在国家内发展具有重要推动作用（图 3-3）。

### 3.1.3.1  国际组织

1988 年,联合国政府间气候变化专门委员会（Intergovernmental Panel on Climate Change,IPCC）由世界气象组织 (WMO) 及联合国环境规划署 (UNEP) 于1988 年联合建立,其主要任务是对气候变化科学知识的现状,气候变化对社会、经济的潜在影响及如何适应和减缓气候变化的可能对策进行评估。该组织启动了 CCS 的研究。

1991 年，国际能源署温室气体研究与开发计划机构（International Energy Agency Greenhouse Gas R&D Programme，IEAGHG）成立，将 CCS 作为关键支持方向。

1994 年，《联合国气候变化框架公约》生效，这是世界上第一个为全面控制 $CO_2$ 等温室气体排放，以应对全球气候变暖给人类经济和社会带来不利影响的国际公约，也是国际社会在应对全球气候变化问题时进行国际合作的一个基本框架。它和 1997 年通过的《京都议定书》，都已经将 CCS 视为一项重要的减排技术。

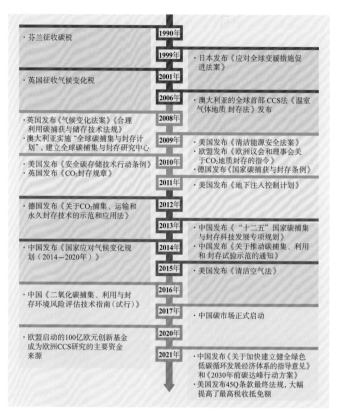

图 3-3　与 CCUS 技术相关的政府支持情况

2003 年，碳封存领导人论坛（Carbon Sequestration Leadership Forum，CSLF）创立，这是一个促进成员国及国际社会在 CCUS 领域开展交流与合作的部长级多边机制，宗旨是推动开发用于 $CO_2$ 的分离、捕获、运输和长期安全存储且具有更好成本效益的技术。

2005 年，旨在遏制全球气候变暖的《京都议定书》正式生效，这是人类历史上首次以法规的形势限制温室气体排放。

2006 年，《伦敦议定书》为各国政府在国际环境法中提供了基础，以便在安全的情况下允许在海床下进行 CCS，并规范将 $CO_2$ 废物流注入海底地质构造以实现永久隔离。

2010 年，联合国气候变化谈判大会在墨西哥坎昆通过《将地质形式的 CCS 作为 CDM 项目活动》协议，预示着 CCS 进入快速发展期。

2016 年，《巴黎协定》（*The Paris Agreement*）实施，这是由全世界 178 个缔约方共同签署的气候变化协定，是对 2020 年后全球应对气候变化的行动作出的统一安排。其长期目标是将全球平均气温较前工业化时期上升幅度控制在 2 ℃ 以内，并努力将温度上升幅度限制在 1.5 ℃ 以内。

### 3.1.3.2 美国

美国全面监管静止和移动源气体排放的联邦法律经历 1955 年的《空气污染控制法》、1963 年的《清洁空气法》、1967 年的《空气质量控制法》，再到 1970 年的《清洁空气法（CAA）》，后来经过 1977 年修正案、1990 年修正案等而逐步完善。

1974 年，美国国会通过《安全饮水法》（SDWA），通过对美国公共饮用水供水系统的规范管理，以确保公众的健康。2011 年修订后对地质储存首次采取许可制度，规定对地下灌注井采取监测和监控。

2009 年，美国发布《清洁能源与安全法案》（ACES），明确提出 CCS 对美国战略规划的重要性，为 CCS 发展提供重要法律支撑，以促进 CCS 专案的发展与商业化。

2009 年，美国环境保护署出台《温室气体强制报告制度》，确定了温室气体专门的报告制度，要求上报温室气体排放量的排放源，涉及 31 个工业部门和种类。

2010 年，美国发布《安全碳存储技术行动条例》，规范了 CCS 项目的具体实施措施，包括碳储存场地、介质的选择、实施项目的技术要求和监管等方面。

2011 年，美国发布《地下注入控制计划》，对地下灌注的全流程进行了规定，特别是对停止注入后封存条件的技术要求进行了严格规定。

2012 年，美国环境保护署首次对美国未来新建的发电厂提议设定 $CO_2$ 排放标准，以鼓励建设天然气发电等更加清洁的发电厂。

2020 年，美国詹妮弗·格兰霍姆（Jennifer Granholm）推动出台《能源法案》，该法案提出了大规模扩展能源部的碳捕获计划。

### 3.1.3.3 欧洲

2005 年，欧盟启动全球第一个跨国碳排放交易机制，即欧盟碳排放权交易体系（EUETS）。该体系排放量占欧盟碳排放总量的一半，有效地促进了欧盟碳减排。

2008 年，欧盟率先修改了《欧盟碳排放交易指令》，将 CCS 纳入其中，为 CCS 在欧盟地区的开展提供了经济支持。

英国将 CCS 技术与可再生能源、核能并列，将其视为引领未来低碳能源的"三驾马车"。2008 年，英国发布《合理利用碳捕获与储存技术法规》，为 CCS 开发利用构建了法规政策与监管制度。同年，英国设立"碳捕获便利机制"，要求自 2009 年 4 月起电力消耗超过 300 MW 的火力发电厂必须为以后要利用的 CCS 技术设施留出足够空间。这为英国进一步为 CCS 立法起到重要的推动作用。

2008 年，英国还颁布了《能源法》，为 $CO_2$ 的海上封存提出了普适监管框架，在英国实行 $CO_2$ 封存许可制度，即没有获得执照的情况下任何人不得实施 $CO_2$ 封存的任何活动。该法涉及与 CCS 技术相关的财政激励内容。《能源法 2011》解决了因安装 $CO_2$ 运输管道而强行征地问题，也解决了为实施 CCS 示范项目而拆除近海基础设施的问题。

2008 年，英国《气候变化法案》（*Climate Change Act, CCA*）正式通过并生效，这使英国成为世界上第一个针对减少温室气体排放、适应气候变化问题，拥有法律约束力的长期构架的国家。

2009 年，欧盟发布《欧洲议会和理事会关于 $CO_2$ 地质封存的指令》，为二氧化碳地质储存建立了法律框架，这有助于环境安全及应对气候变化；同时针对监管 CCS 的相关领域修改欧盟委员会发布的《关于特定公共及私营项目的环境影响评价的指令》《在水政策领域建立行动框架的指令》《关于大型火电厂向大气排放特定污染物限制的指令》《关于环境损害防治与救济的环境责任的指令》《关于废弃物的指令》及欧盟 1013/2006 号规定。这都将成为规范 CCS 在欧盟的监管依据，构建了欧盟 CCS 监管的基本框架。

2009 年，德国政府起草了《联邦德国碳捕获与封存法草案》，涉及提高 CCS 技术环境安全性、确保产业部门投资的积极性及平衡环境与经济利益等内容，因考虑到技术成熟度、经费来源、公众接受度而推迟了该该项立法，而颁布实施了《国家碳捕获与封存条例》。

2010 年，英国颁布《$CO_2$ 封存（执照等问题）条例》，收录在环境保护系列条例之中，对具体执照申请、认定及封存全过程监管的问题进行规范。同年，英国标准局（BSI）发布了世界首个碳中和规范（PAS 2060:2010）。

2012 年，德国公布《关于 $CO_2$ 捕集、运输和永久封存技术的示范和应用法》，这是德国在 CCS 立法方面的一大进展，涉及对 CCS 项目试验和示范等环节的具体规定。

2021 年，英国商业、能源和产业战略部（BEIS）制定《英国净零研究与创新框架》，确定了英国在未来 5~10 年内关键行业的净零研究和创新挑战及需求，主要包括 6 个方面：电力，工业和低碳氢供应，碳捕集、利用与封存（CCUS）和温室气体去除（GGR），供热与建筑，交通，自然资源、废物和含氟气体。

2021 年，德国通过《德国联邦气候保护法》的修订版法案，核心内容包括 2045 年实现碳中和、碳中和的路径、计划 2030 年温室气体排放量较 1990 年减少 65% 的约束条件等。

### 3.1.3.4 日本

1993 年，日本发布《环境基本法》，以地球环境保全为基本理念，将应对全球气候变暖对策纳入环境法体系。

1994 年，日本制定《环境基本计划》，将有关应对全球气候变暖的对策置于重要地位，并明确规定了应在国际协作下，以实现《联合国气候变化框架公约》规定的"减少温室气体排放，减少人为活动对气候系统的危害，减缓气候变化"目标为宗旨。

1998，日本通过《全球气候变暖对策推进法》，这是世界上第一部旨在防止全球气候变暖的法律，显示了日本积极应对全球气候变暖的姿态。并于 1999 年制定《全球气候变暖对策推进法实施细则》，具体就与温室效应气体总排出量相关的温室效应气体的排出量算定方法、温室效应气体算定排出量的报告、分配数量账户簿等进行了详细规定。

### 3.1.3.5 澳大利亚

澳大利亚有修改的油气法规以规范 CCS 项目的发展与应用，还为保障 CCS 技术的发展设立了专门的法律。它的离岸和陆上 CCS 活动的监管框架是全球最发达的框架之一，涉及温室气体封存过程。

2005 年，澳大利亚签署《CCS 法规指导原则》，为 CCS 立法在全国建立了统一的标准。

2006 年，澳大利亚制定了全球首部针对 CCS 的法律——《温室气体地质封存法》，对 CCS 可能产生的风险规定了相应的责任归属和补偿制度。

2007 年，澳大利亚发布了《亚太清洁发展与气候伙伴计划》《澳大利亚气候变化政策》《2007 国家温室气体和能源报告法案》。

2008 年，澳大利亚颁布了专门的《海上石油与温室气体封存法》，通过几年的数十次修改，逐步建立了环境和安全监管的法律框架，不仅为温室气体的海上封存监管制度开了先河，同时也为潜在地质封存研究与勘探活动提供了监管法律确定性。目前已颁布的《海上石油与温室气体封存环境监管条例》（2009 年）、《海上石油与温室气体封存安全条例》（2009 年）、《海上石油与温室气体封存——温室气体注入与封存条例》（2011 年）与《海上石油与温室气体封存—行政管理与程序条例》（2011 年）等具体的行政规章配合了该法案的具体执行。

2009 年，澳大利亚政府出台《二氧化碳捕集与封存指南》，同时发布《近海碳注入与封存条例》，保障了近海封存 $CO_2$ 的合法性。

### 3.1.3.6 中国

中国近年来提出了一系列与 CCUS 相关的政策举措，为推动 CCUS 试验示范项目的发展奠定了政治基础，但目前国内与 CCUS 有关的专门立法仍处于空白状况，即我国至今仍然没有出台一部 CCUS 的专门立法。

2001 年，全国人大九届四次会议通过了《中华人民共和国国民经济和社会发展第十个五年计划纲要》，这是首次提到气候变化的计划。

2006 年，中国第十一个五年计划（2006—2010 年）期间，中国发布了第一次《气候变化国家评估报告》。此时，中国已经成为全球最大的温室气体排放国家。

2006 年，国务院发布《国家中长期科学和技术发展规划纲要（2006—2020 年）》中，CCUS 技术被列为温室气体减排的前沿技术之一。

2007 年，国务院印发《中国应对气候变化国家方案》，这是中国第一部应对气候变化的全面的政策性文件，也是发展中国家颁布的第一部应对气候变化的国家方案。

2007 年，中国在发展中国家中率先发布《中国应对气候变化科技专项行动》，全面阐述了中国应对气候变化的对策。

2008 年，中国发布第一份关于气候变化的白皮书——《中国应对气候变化的政策与行动》。其指出，作为世界上最大的发展中国家，中国实施一系列应对气候变化的战略、措施和行动，应对气候变化取得了积极成效。

2009 年，中国提出第一个碳排放目标——到 2020 年将碳强度降低 40%，比 2005 年的水平低 45%。

2011 年，国务院发布《"十二五"控制温室气体排放工作方案》，提出"到 2015 年全国单位国内生产总值二氧化碳排放比 2010 年下降 17%"，这在"十二五"结束时基本实现。并提出要逐步形成碳排放权交易市场，这是缓解气候变化、降低温室气体排放的新举措。

2011 年，科技部发布《国家"十二五"科学和技术发展规划》，该规划中提到在煤炭清洁高效利用方面要开发燃煤电站 CCUS 技术及污染物控制技术。

2011 年，科技部发布《中国碳捕集、利用与封存（CCUS）技术发展路线图研究》，部署 CCUS 技术 2015 年、2020 年及 2030 年 3 个节点的发展目标，以及为实现目标的关于基础研究、技术研究、技术示范的优先建议。

2011 年，国家能源局《国家能源科技"十二五"规划（2011—2015）》中，明确指出将 $CO_2$ 综合利用示范工程作为"十二五"规划期间的重点任务，致力于提高燃煤电厂的 $CO_2$ 驱油采收率。

2011 年，国土资源部发布《国土资源"十二五"科学和技术发展规划》，涉及中国目前的地质碳汇研究和地质碳储技术储备等。地质封存是 CCUS 关键步骤之一，其技术的发展对 CCUS 技术整体提升有深刻意义。

2012 年，科技部等 16 个部委联合制定《"十二五" 国家应对气候变化科技发展专项规划》，以加强我国在应对气候变化方面的科技工作，服务国家应对气候变化的战略需求，以及解决 CCUS 技术的成本问题。

2012 年，国家能源局发布《煤炭工业发展"十二五"规划》，明确提出"支持开展 $CO_2$ 捕集、利用和封存技术研究和示范"。

2013 年，中国政府发布了第一部专门针对适应气候变化方面的战略规划——《国家适应气候变化战略》，它标志着中国首次将适应气候变化提高到国家战略的高度。

2013 年，国务院发布《国家重大科技基础设施建设中长期规划（2012—2030年）》，重点提出在 CCUS 领域开展设施建设研究。

2013 年，科技部发布《"十二五"国家碳捕集、利用与封存科技发展专项规划》，其是到 2013 年为止唯一一个关于 CCUS 的专门政策，围绕 CCUS 各环节的技术瓶颈和薄弱环节，统筹协调基础研究、技术研发、装备研制和集成示范部署。

2013 年，发展改革委发布《关于推动碳捕集、利用和封存试验示范的通知》，以推动 CCUS 研发部署。

2013 年，工业和信息化部、发展改革委、科技部、财政部四部门联合发布《工业领域应对气候变化行动方案（2012—2020 年）》，着重突出了工业领域在应对气候变化时采用 CCUS 技术的重要意义。

2013 年，环境保护部出台《关于加强碳捕集、利用和封存试验示范项目环境保护工作的通知》，从实施 CCUS 项目的环境保护角度作出了相关规定。

2014 年，发展改革委公布《国家应对气候变化规划（2014—2020 年）》，提出了我国应对气候变化的指导思想、目标要求、政策导向、重点任务及保障措施。

2014 年，发展改革委公布《碳排放权交易管理暂行办法》，生态环境部将建设全国碳排放权交易市场，组织开展全国碳排放权集中统一交易。

2015 年，国家能源局、环境保护部、工业和信息化部联合发布《关于促进煤炭安全绿色开发和清洁高效利用的意见》，国家能源局发布《煤炭清洁高效利用行动计划（2015—2020 年）》，均提出大力发展洁净煤技术，促进资源高效清洁利用，积极开展 CCUS 技术研究和示范工作。

2016 年，发布《中华人民共和国国民经济和社会发展第十三个五年规划纲要》，明确提出"有效控制电力、钢铁、建材、化工等重点行业碳排放，推进工业、能源、建筑、交通等重点领域低碳发展"等。

2016 年，国务院发布《"十三五"国家科技创新规划》，提到"加快煤炭绿色开发、煤炭高效发电、煤炭清洁转化、煤炭污染控制、碳捕集、利用与封存等核心关键技术研发"。

2016 年，发展改革委和国家能源局发布《能源技术革命创新行动计划（2016—2030 年）》《能源技术革命重点创新行动路线图》，前者明确了我国能源技术革命的总体目标，包括"CCUS 技术创新"在内的 15 项重点任务；后者则明确了前者 15 项重点任务的具体创新目标、行动措施及战略方向。

2016 年，环境保护部发布《二氧化碳捕集、利用与封存环境风险评估技术指南（试行）》，规定了 CCUS 项目环境风险评估的原则、内容及框架性程序、方法和要求。

2017 年，科技部发布《"十三五"应对气候变化科技创新专项规划》，指出"突破 5~10 项重点行业温室气体减排技术、生态系统固碳增汇技术和大规模低成本 CCUS 关键技术，增强我国低碳产业的国际竞争力，支撑 2020 年 40%~45% 碳强度降低目标、2030 年左右排放峰值与 60%~65% 碳强度降低目标的实现"。

2019 年，科技部公布《中国碳捕集、利用与封存技术发展路线图（2019 版）》，在 2011 版路线图的基础上进一步明晰我国 CCUS 技术战略定位，全面评估 CCUS 技术发展现状和潜力，提出近中远期发展目标和优先方向。

2021 年，国务院发布《"十四五"规划和 2035 年远景目标纲要》，明确提出要开展 CCUS 重大项目示范。CCUS 技术首次被纳入了国家 5 年规划重要文件。

2021 年，中共中央、国务院发布《关于完整准确全面贯彻新发展理念做好碳达峰碳中和工作的意见》，首次将 CCUS 技术列为实现双碳目标的重要技术手段，明确提出"推进规模化碳捕集、利用与封存技术研发、示范和产业化应用"。

2021 年，国务院发布《2030 年前碳达峰行动方案》，提出"碳达峰十大行动"，将建设全流程、集成化、规模化 CCUS 示范项目，集中力量开展低成本 CCUS 等技术创新，加快碳纤维、气凝胶、特种钢材等基础材料研发，补齐关键零部件、元器件、软件等短板。建设全流程、集成化、规模化 CCUS 示范项目。

2021 年，中国发布《关于加快建立健全绿色低碳循环发展经济体系的指导意见》，提出建立健全绿色低碳循环发展经济体系，促进经济社会发展全面绿色转型，这是解决我国资源环境生态问题的基础之策。

2021 年，国资委发布《关于推进中央企业高质量发展做好碳达峰碳中和工作的指导意见》，提出深入开展 CCUS 等关键技术攻关，鼓励加强产业共性基础技术研究，加快碳纤维、气凝胶等新型材料研发应用，推动建设低成本、全流程、集成化、规模化的 CCUS 示范项目。

2022 年，国家能源局发布《"十四五"现代能源体系规划》，明确提出要瞄准包括 CCUS 在内的多项前沿领域，实施一批具有前瞻性、战略性的国家重大科技示范项目。

2022 年，工业和信息化部等六部门发布《关于"十四五"推动石化化工行业高质量发展的指导意见》，利用炼化、煤化工装置所排 $CO_2$ 纯度高、捕集成本低等特点，开展 $CO_2$ 规模化捕集、封存、驱油和制化学品等示范，创建 $CO_2$ 捕集利用等领域创新中心。

2022 年，中国全国团体标准信息平台发布《二氧化碳捕集、利用与封存术语》，这是国内首部 CCUS 领域团体标准，适用于化工、火电、钢铁、水泥等高排放行业的 $CO_2$ 捕集、化工利用、地质利用及地质封存等相关领域的科研、管理、教学和生产活动，将推动 CCUS 名词使用的科学性和规范性，同时加快与国际标准接轨的步伐。

2022 年，发展改革委、国家能源局发布《关于完善能源绿色低碳转型体制机制和政策措施的意见》，完善火电领域 CCUS 技术研发和试验示范项目支持政策，加强 CCUS 技术推广示范，扩大 $CO_2$ 驱油技术应用，探索利用油气开采形成地下空间以封存 $CO_2$。

### 3.1.4 资助投入

目前，成本高昂限制了 CCUS 这个新兴技术的应用空间。各个国家积极开展技术、产业、财税、价格、金融等相关研究，进一步明确政策需求和导向，制定指导性和鼓励性政策，营造有利于 CCUS 发展的外部环境。

#### 3.1.4.1 美国

2008 年，45Q 条款首次颁布。这是针对 CCS 的一项企业所得税优惠政策。当时的抵免额为 10 美元 / 吨（1 吨 =1000 千克）及 20 美元 / 吨（抵免额根据不同封存方式而定）。2018 年，美国对该条款进行部分修订，为纳税人资格的申请提供了更多便利。2021 年，美国财政部和国税局发布 45Q 条款最终法规，大幅提高了最高税收抵免额，抵免资格分配制度更加灵活，明确私人资本有机会获得抵免资格。该政策是目前全世界最系统的碳捕获与封存激励政策，将显著提高美国高排放企业节能减排的积极性。同年，拜登签署了"基础设施投资与就业法案"，为 CCS 的发展投入了额外的 120 亿美元。

2015 年，美国政府发布"清洁能源计划"（Lean Power Plan)，阐明针对美国发电厂的环保条例及法规，限制发电厂的碳排放量。

2021 年，美国 DOE 投入 2.7 亿美元发展 CCUS 技术。

#### 3.1.4.2 欧洲

1990 年，芬兰开始实施碳税，这是世界上第一个征收碳税的国家。2011 年之前，芬兰碳税隐含在能源消费税中，不以独立的税目存在。2011 年后，芬兰重新优化了能源消费税的政策设计，使得碳税与"能源含量税""能源税"并行成为能源消费税中的独立税目。

2001 年，英国开始征收气候变化税（Climate Change Levy, CCL），这是一种对工业、商业、农业、地方行政和一些其他服务的能源供应征收的环境税。

2002 年，英国政府自发建立英国碳排放交易体系（UK ETS），这是世界上最早的碳排放交易市场，也为后来欧盟碳排放交易市场的构建提供了经验。UK ETS 于 2005 年并入欧盟碳排放交易体系，UK ETS 于 2006 年年底结束。脱欧后，英国政府于 2019 年开始协商英国脱欧后的碳定价制度。

2004 年，欧洲钢铁工业联盟发起超低碳炼钢技术项目（ULCOS），分 3 个阶段实施，目标是到 2050 年使吨钢 $CO_2$ 排放量从 2 吨减少到 1 吨。

2011 年，英国能源部发布《电力市场化改革白皮书》，开始以低碳电力发展为核心的电力市场化改革。

2019 年，《德国联邦气候保护法》生效，在实施过程中实现最大限度的公开透明与监督力度。该法律对所有部门均规定了年度温室气体排放限值。如果不遵守这些规定，德国联邦政府会立即采取措施进行纠正。

2020 年，英国政府发布《绿色工业革命十点计划》，旨在推动英国在 2050 年之前消除导致气候变化的因素。该计划动用 210 亿英镑投入海上风电、低碳氢能、先进核能、零排放汽车、绿色交通、"净零航空"和绿色航海、绿色建筑、CCUS、自然环境保护、绿色金融与创新。投资 2 亿英镑用于 CCUS，计划 2030 年实现每年捕获 1000 万吨 $CO_2$ 的任务。

2020 年，欧盟委员会宣布设立创新基金，将在 2020—2030 年投入超过 100 亿欧元，支持能源、建筑、运输、工业和农业等部门的清洁技术研发创新，使之成为欧洲 CCS 研究主要资金来源。创新基金是欧盟"地平线欧洲"研发框架计划和"欧洲地区发展基金"的补充，其前身是欧盟委员会于 2010 年发起的 NER 300 计划。

2020 年，德国通过《煤炭逐步淘汰法案》，明确了分阶段逐步淘汰燃煤电站并从总量上大幅减少 $CO_2$ 排放量的目标。

2021 年起，德国全面启动碳排放交易系统，从事取暖油、天然气、汽油或柴油交易的公司需要支付 $CO_2$ 的价格。初始价格为每吨 25 欧元，到 2025 年将提高到每吨 55 欧元。预计到 2026 年，价格将在 55~65 欧元。政府将会把这部分收入重新投资于气候行动措施中，返还给公民以抵消更高的碳成本。

2021 年，英国国家研究与创新署（UKRI）宣布在"工业战略挑战基金"（ISCF）支持下，通过"工业脱碳挑战"计划向 9 个项目投入 1.71 亿英镑，旨在通过技术开发与部署，使至少一个英国工业集群到 2030 年实现大幅减排，并验证各项目所在地到 2040 年实现净零排放的可能性，以支持英国到 2050 年实现碳中和。此次资助包括 3 个海上碳捕集、利用与封存（CCUS）项目及 6 个陆上碳捕集或氢燃料转换项目，将在英国最大的工业集群中进行部署和推广。

2021 年，英国商业、能源与产业战略部（BEIS）宣布拨款 1.66 亿英镑（约合 14.7 亿元），用于推动绿色工业革命关键技术的发展。该资助计划将开发碳捕集、温室气体去除和氢能等技术,探索英国污染行业脱碳的解决方案,包括制造业、钢铁、能源和废物处理行业,帮助英国实现其 2050 年净零排放目标和 2035 年减排目标。

2022 年,英国商业、能源与产业战略部( BEIS )投入 500 万英镑资助一个名为"氢BECCS 创新项目"的新项目,支持以生物质和废弃物为原料生产氢气的创新技术。该项目支持使用具有碳捕集与封存功能的生物能（BECCS）技术实现氢气生产。

### 3.1.4.3 日本

2020 年,日本政府宣布实施"绿色增长计划",不仅确认 2050 年达到碳中和的目标,而且制定了包括 CCUS 在内的行动计划,提出加强在太阳能与碳循环等重点技术领域的研发和投资。

2022 年,日本政府经内阁会议敲定《全球气候变暖对策推进法》修正案,写入创设官民基金对去碳化项目提供资金支援的内容。该基金计划 2022 年秋季设立,旨在推动政府提出的 2050 年实现去碳化社会目标。财政投资贷款 200 亿日元（约合人民币 11 亿元）,此外还将积极利用民间资金,总项目费力争达到 1000 亿日元。

### 3.1.4.4 中国

2014 年,发展改革委发布《战略性新兴产业重点产品和服务指导目录》,2017 年,发布第二版目录,将"控制温室气体排放技术装备:碳减排及碳转化利用技术装备、碳捕捉及碳封存技术及利用系统、非能源领域的温室气体排放控制技术装备"单独列示。相比第一版,对 CCUS 技术的投资额增加,对减排量的要求也大幅提高。

2015 年,财政部发布"节能减排补助资金管理暂行办法",就节能减排补助资金的重点支持范围、分配、支付等做出规定,规范和加强节能减排补助资金管理。

2017 年,发展改革委发布《全国碳排放权交易市场建设方案（发电行业）》,市场启动后涵盖 1700 多家煤炭和天然气发电企业,碳排放量达 30 亿吨,约占全国碳排放量的 39%。

2021 年,中国生态环境部等 9 个部门发布《关于开展气候投融资试点工作的通知》,将 CCUS 试点示范纳入了重要的气候投融资支持范围。

2021 年,中国人民银行在全国推出碳减排支持工具,聚焦清洁能源、节能环保、碳减排技术 3 个领域。金融机构向碳减排重点领域内的相关企业发放符合条件的碳减排贷款,为 CCUS 等技术研发提供金融支持。

## 3.2 科技研发与成果

### 3.2.1 论文专利走向

从图 3-4 可见，随着 2003 年碳封存领导人论坛（CSLF）创立和 2005 年《京都协议书》生效等一系列与 CCUS 相关的扶持政策出现，CCUS 技术日益受到关注和重视，其科学技术研究成果也快速增长。

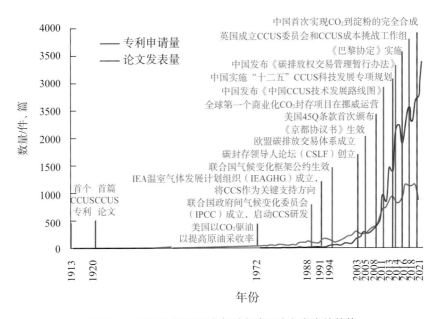

图 3-4　CCUS 相关领域专利申请和论文发表的趋势

## 3.2.2 论文年度变化

从图 3-5 可见，在 1920 年出现第一篇与 CCUS 相关的论文，之后论文年发表数量徘徊在 50 篇以下；直到 1993—2008 年，论文数量才有了缓慢增长，但年发表数量在 500 篇以下；从 2009 年开始至今，CCUS 相关论文发表数量进入快速增长期，呈现锯齿状上升趋势。CCUS 相关论文主要在期刊上发表，仅有 17.15% 的研究成果通过会议的形式发布；会议论文数量在 2009—2018 年，呈现不规整锯齿状，这可能与某些会议每两年举办一次有关，之后可能受疫情影响，会议论文数量直线下跌。

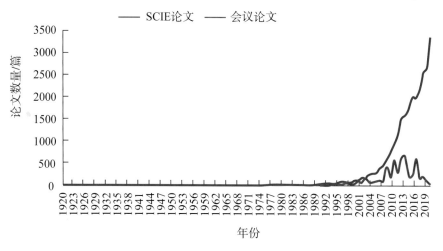

图 3-5　CCUS 相关论文的发表情况

### 3.2.3　专利年度变化

第一件 CCUS 相关专利于 1913 年出现，1970—2004 年专利申请数量缓慢增长，2005 年之后 CCUS 专利进入快速增长期，而 2016—2021 年处于申请数量相当稳定的平台期。CCUS 相关专利的授权率近 60%，高于专利授权的平均水平（图 3-6）。

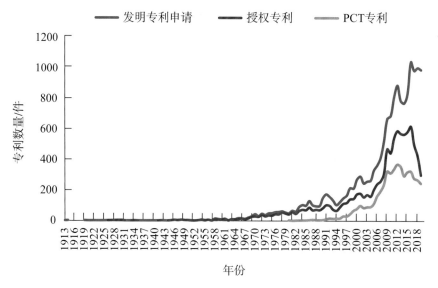

图 3-6　CCUS 相关专利的申请和授权情况

## 3.3 地区竞争与合作

### 3.3.1 地区创新分布

CCUS 相关论文发表数量最多的国家 / 地区是中国，共发表 8878 篇；其后为美国和英格兰，分别发表 6883 和 2375 篇。澳大利亚、加拿大、德国、韩国、印度、法国和西班牙位列全球前十。基于平均被引用次数，美国开展 CCUS 研究的科学家学术影响力最大，其次为荷兰和法国。中国的平均被引用次数为 26 次 / 篇，远低于美国的 44 次 / 篇，在论文发表数量前 10 位国家 / 地区中，中国仅高于韩国和印度。

但是，中国一直在不断提升其基础理论研究和创新能力。2010 年，中国无论是论文发表数量还是被引用情况，与美国的差距均较大；到了 2015 年，中国论文数量超过了美国，而且平均被引用次数也相差无几；2020 年，中国无论是数量还是被引用情况都超过了美国（图 3-7）。

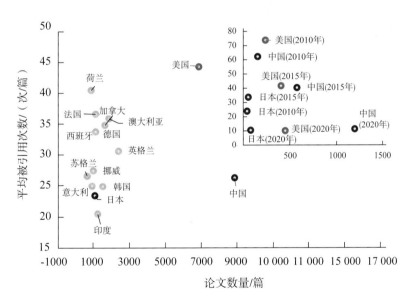

图 3-7　CCUS 相关论文发表数量前 15 位国家 / 地区的情况
注：小图表示中国、美国、日本分别在 2010 年、2015 年、2020 年的论文数量和平均被引用次数，单位同大图。

中国和美国的 CCUS 相关专利申请数量居全球前列，分别为 4275 和 3649 件；日本、韩国和德国的专利数量居全球第二梯队，均超过了 1000 件；法国、英国、加拿大、荷兰和瑞士的专利数量也在 200 件以上。中国专利的数量和质量呈现与中国论文一致的逐年提升趋势，即在 2010 年均不及美国；但在 2015 年数量已超过美国，而被引用情况亦比较接近（图 3-8）。

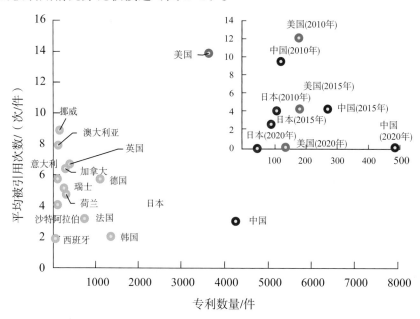

图 3-8　CCUS 相关专利申请数量前 15 位国家的情况

注：小图表示中国、美国、日本分别在 2010 年、2015 年、2020 年的
专利数量和平均被引用次数，单位同大图。

### 3.3.2　国家年代趋势

从图 3-9 可见，论文发表数量前四大国家 / 地区所占全球论文总量的比例在不断攀升。在 1994 年及之前，非四大国家 / 地区申请的论文总量达到全球近一半；但在最近的年代，已仅占 1/4。中国从最初不到 1% 的全球占比，到 2015—2022 年的 38.5%，处于逐年代持续增长的态势；而美国原本占到 36.7% 的论文比例，目前减至 15.8%，加拿大亦呈现持续下降的趋势；英格兰和澳大利亚的占比则是在上一个年代有了明显的增长后，在最近的年代又减少。

非四大国家的专利申请数量已经从 65% 骤减到 2015—2021 年的 16%，表明 CCUS 相关专利申请有持续向申请大国集中的趋势。其中，中国以最初不到全球 1% 的专利申请数量占比，持续增长到 2015—2021 年占全球总量近一半的水平。韩国的占比也呈现相似的持续增加趋势。美国、日本和德国的申请数量占全球的比例均有不同程度的减少（图 3-10）。

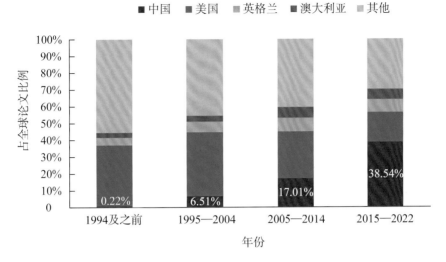

图 3-9　CCUS 相关论文发表数量前 4 位国家／地区在 4 个年代的全球占比情况

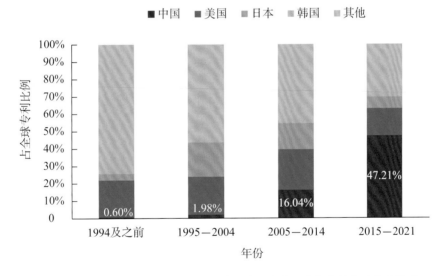

图 3-10　CCUS 相关专利申请数量前 4 位国家在 4 个年代的全球占比情况

### 3.3.3　国家逐年走向

CCUS 相关论文发表数量前五大国家／地区中，美国早在 1925 年即有论文发表；而中国直至 1994 年才出现第一篇相关论文。但中国的增长速度较快，2000 年论文发表数量超过澳大利亚，2007 年超过加拿大，2010 年超过英格兰，2015 年超过美国居全球第一位。然后数量增长逐年加快，2021 年发表 CCUS 论文 1495 篇，远超美国的 496 篇（图 3-11）。

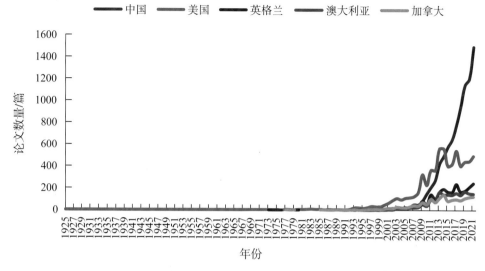

图 3-11　CCUS 相关论文发表数量前 5 位国家逐年变化情况

CCUS 相关专利申请数量前五大国家中，美国在 1959 年申请了第一件专利，而中国于 1985 年开始申请，这与中国《中华人民共和国专利法》于该年实施，专利体系建立时间较晚有关，但早于韩国于 1989 年申请的第一件 CCUS 专利。2009 年，中国专利申请数量超过德国，2010 年超过日本，2014 年超过美国成为全球第一大 CCUS 专利申请国。之后，与其他国家的差距逐年加大。不过，中国专利申请数量自 2018 年开始进入平台期，不再呈现快速增长的趋势（图 3-12）。

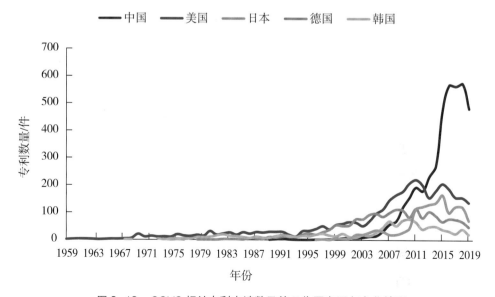

图 3-12　CCUS 相关专利申请数量前 5 位国家逐年变化情况

### 3.3.4 国际专利分布

中国 CCUS 专利申请数量居全球首位，但是其中的国际专利数量较少，为前 10 位专利申请大国中的末位，仅有国际专利 218 件，占中国总专利申请数的 5.1%。国际专利数量最多的国家是美国，共有 2805 件，占所有美国 CCUS 专利数量的 76.9%。而国际专利比例最高的国家是荷兰和瑞士，以上两个国家的所有专利皆在其他国家 / 地区申请了专利授权，国际专利比例为 100%。韩国为除中国以外国际专利比例最低的国家，占比为 34.7%（图 3-13）。

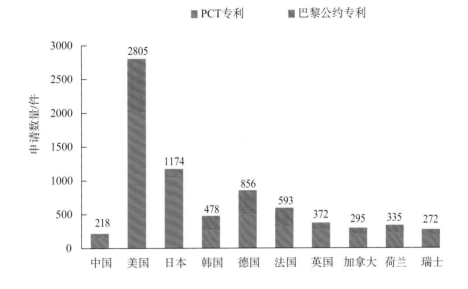

图 3-13 CCUS 相关专利申请数量前 10 位国家国际专利申请情况

CCUS 相关专利申请数量前十国家中，PCT 专利数量均高于巴黎公约专利数量。但法国、韩国和德国两种专利数量的差距较小，PCT 专利的比例小于 60%。而日本国际专利中的 PCT 专利比例占到 89.4%，表明日本的国际专利主要以 PCT 途径申请。中国 PCT 专利占其所有国际专利的比例为 71.6%，仅有少于三成的国际专利由巴黎公约途径申请（图 3-14）。

CCUS 相关的 PCT 专利申请中，仅在 WIPO 申请而没有进入任何国家 / 地区申请授权的专利比例属荷兰最高，达到 64.6%，其次为法国和加拿大。而仅在本国申请专利授权的 PCT 专利比例最高者为韩国，达到 40.5%，其次为中国和美国。无效 PCT 专利（仅在 WIPO 申请或仅在本国申请授权）比例最高的国家为荷兰，达到 65.9%，其次为法国和韩国。而无效 PCT 专利比例最低的国家为瑞士，仅占 3.1%，其次为日本和英国。中国的无效 PCT 专利比例为 35.9%。

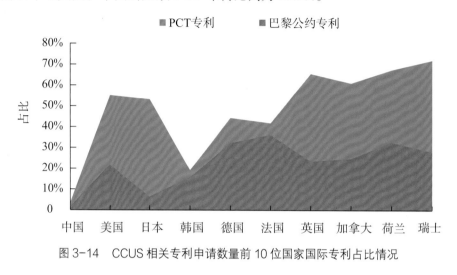

图 3-14　CCUS 相关专利申请数量前 10 位国家国际专利占比情况

　　PCT 专利申请授权的本国以外国家 / 地区数量越多，越能显示该国际专利的价值。荷兰 PCT 专利进入的国家 / 地区平均数量最少，仅为 2.01 个，其次为韩国的 2.38 个；数量最多的国家为瑞士的 5.87 个和英国的 5.06 个。中国的 PCT 专利平均进入 3.35 个国家 / 地区申请授权（图 3-15）。

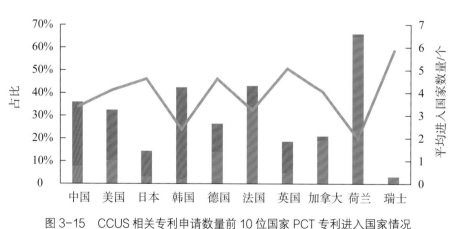

图 3-15　CCUS 相关专利申请数量前 10 位国家 PCT 专利进入国家情况

## 3.3.5　国家合作格局

　　中国研究人员和其他国家 / 地区的合作紧密，中国与美国、澳大利亚、英格兰合著论文的数量居全球前列，其次是美国与英格兰、加拿大、韩国的合著论文较多。

这表明中国和美国是全球 CCUS 基础理论研究的合作中心（图 3-16）。

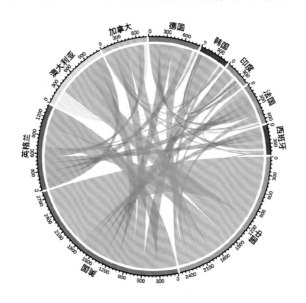

图 3-16 CCUS 相关论文发表数量前 10 位国家 / 地区合作论文数（单位：篇）

在 CCUS 领域，美国与荷兰、法国和瑞士等国家的合作技术研发次数较多，合作申请的专利均在 60 件以上；而中国与其他国家共同申请的专利数量较少，与美国合作申请专利 20 件，与德国合作申请专利 12 件。总体而言，专利技术合作研发涉及产品、市场和行业竞争力等，相比论文合作明显减少（图 3-17）。

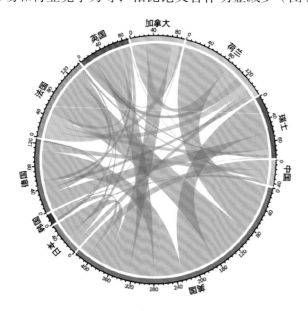

图 3-17 CCUS 相关专利申请数量前 10 位国家的合作专利数（单位：件）

### 3.3.6 城市合作格局

在 CCUS 相关论文发表机构所在城市中，北京、上海、武汉、英国伦敦、挪威特隆赫姆、广州、天津、西安、英国爱丁堡、青岛居前十位。中国国内城市的合作较为紧密，其中北京为国内合作的中心，与武汉、广州、天津、西安、青岛的合作较多。国外也是以本国之间的城市合作最为多见，包括美国匹兹堡（Pittsburgh）与摩根敦（Morgantown）、橡树岭（Oak Ridge）与诺克斯维尔（Knoxville），英国伦敦（London）与爱丁堡（Edinburgh）、伦敦（London）与剑桥（Cambridge）等。

国际合作中，澳大利亚墨尔本（Melbourne）与美国克莱顿（Clayton），北京与英国爱丁堡（Edinburgh）、美国伯克利（Berkeley）、英国伦敦（London）和诺丁汉（Nottingham）、澳大利亚悉尼（Sydney）、美国坎布里奇（Cambridge）合作较多。表明北京也是国际合作的中心城市（图 3-18）。

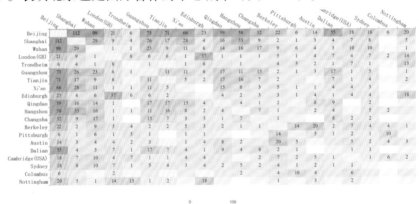

图 3-18 CCUS 相关论文发表城市的合作情况

## 3.4 机构实力与排名

### 3.4.1 理论研究机构

发表 CCUS 相关论文的顶级机构中，属性全部为大学院所。其中，美国有 6 个，中国有 5 个，英国和挪威各 2 个，法国、澳大利亚、西班牙、德国、印度各有 1 个入选全球前 20 个机构。中国的中国科学院及中国科学院大学居于全球前列。不过，基于平均被引用次数，美国加州大学、劳伦斯伯克利国家实验室、美国农业部的学术影响力较大（图 3-19）。

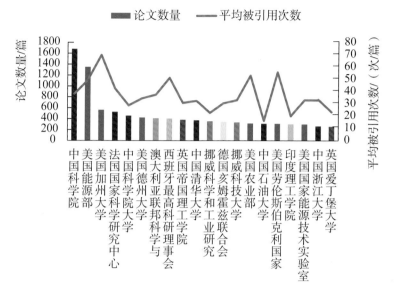

图 3-19　CCUS 相关论文发表的全球前 20 个机构情况

发表 CCUS 相关论文较多的中国机构，除了居全球第 1 位的中国科学院发表了 1683 篇论文外，中国科学院大学、清华大学、石油大学、浙江大学也发表了较多相关论文。在以上机构中，北京大学、中国科学技术大学的学术影响力较大，平均被引用次数分别达到 56.9 次 / 篇和 50.5 次 / 篇，远高于中国其他的研究机构（图 3-20）。

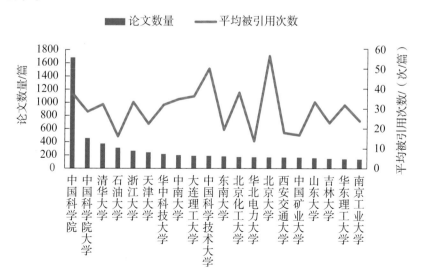

图 3-20　CCUS 相关论文发表的中国前 20 个机构情况

### 3.4.2 技术研发机构

从图 3-21 可见，在全球 CCUS 相关专利申请数量前 20 个机构中，日本的数量最多，达到 7 个，美国有 4 个，中国、法国、德国、韩国各 2 个，荷兰有 1 个机构入围。中国有中国石化公司和天津大学入选，后者和韩国能源研究所是前 20 个机构中仅有的两所大学院所。这表明全球 CCUS 的技术研发工作主要由企业承担。法国液化空气集团所申请的 CCUS 相关专利申请数量最多，达到 376 件；其次为日本的三菱重工和日立公司。

图 3-21  全球前 20 个机构的 CCUS 专利申请情况（单位：件）

从图 3-22 可见，中国石化是中国申请 CCUS 相关专利申请数量最多的机构，达到 208 件，其次为天津大学和浙江大学。在中国前 20 个专利申请数量最多的机构中，仅有中国石化、国家电网、西安热工院公司和中国神华能源 4 个企业，其余均为大学院所。这表明中国的 CCUS 技术研发主力仍是以研究机构为主，企业参与度尚有待提高。

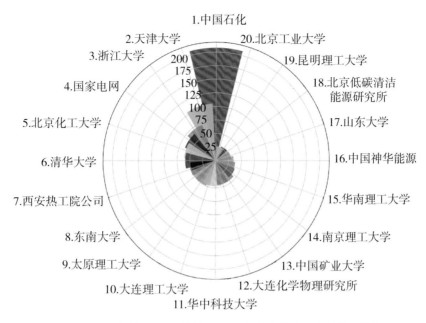

图 3-22　中国前 20 个机构的 CCUS 专利申请情况（单位：件）

## 3.5　研发热点与趋势

### 3.5.1　基础理论研究

为了了解 CCUS 领域基础理论的研究热点，将高被引论文进行引文耦合分析得到主题类似的聚簇（图 3-23），再对聚簇主题进行解读，获得每个簇类所代表的论文研究热点。从表 3-1 可见，化学吸附：CaO；化学吸收法：MEA；化学吸收法：离子液体；物理吸附；直接空气碳捕集；$CO_2$ 地质封存；海上 / 森林碳封存；CCUS 技术经济评估是 CCUS 基础研究的热点所在。

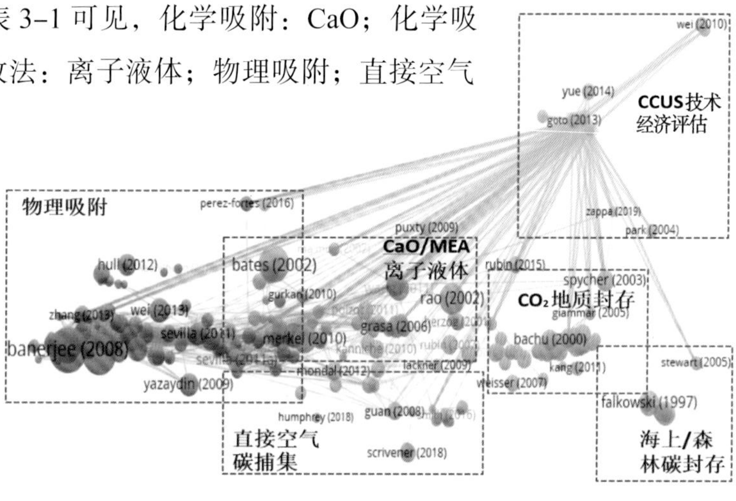

图 3-23　CCUS 技术相关论文的研究热点

表 3-1　CCUS 技术相关论文的研究热点及论文关键词

| 序号 | 研究热点 | 论文关键词 |
|---|---|---|
| 1 | 化学吸附：CaO | CO$_2$ capture; CO$_2$ separation; calcium-oxide; carbonation; ca-based sorbents; sorption; separation; conversion; flue-gas; sulfation; removal; combustion; product layer; kinetics; fluidized beds; modeling; global warming |
| 2 | 化学吸收法：MEA | CO$_2$ capture; O-2; CO$_2$ recycle; MEA; monoethanolamine; absorption process; aspen plus; process simulation; economics; power-plants; flue-gas; recovery; degradation |
| 3 | 化学吸收法：离子液体 | carbon capture; carbon dioxide; ionic liquids; ionic liquids phosphorus; absorption; absorbent selection; basicity; amino acids; physicochemical properties; sustainability; equilibrium; cyclic capacity; alkanolamines; anions; superbases |
| 4 | 物理吸附 | CO$_2$ capture; adsorption; graphene sheet; N-doped porous carbon; activated carbons; mesoporous carbon; isoreticular zeolitic imidazolate frameworks; metal-organic frameworks; mesoporous silica; silica monolith; polypyrrole; MCM-41; polymer networks; hierarchical pore; microporous organic polymers; C3-N nanosheet; nanocasting; porosity; CO$_2$ reduction; flue gas |
| 5 | 直接空气碳捕集 | carbon-dioxide capture; negative emissions; adsorption; air; atmospheric air; climate-change; diffusion; expanded mesoporous silica; etsap-tiam; high-capacity; kinetics; molecular-sieve; sequestration; storage; absorption |
| 6 | CO$_2$ 地质封存 | geological CO$_2$ sequestration; water; saline aquifer; numerical simulation; CO$_2$ storage; aqueous-solutions; thermodynamic properties; solubility; climate-change; temperatures; sedimentary basins; pressures; pressure build-up; precipitation; phase-equilibria; permeability; moisture; mineral trapping; magnesite interfacial tension; hydrate formation; greenhouse gases; geological media; frio formation; enhanced oil-recovery; dissolution; disposal; cap-rock integrity; aquifer disposal; |
| 7 | 海上 / 森林碳封存 | carbon; air; atmospheric CO$_2$; climate; sinks; terrestrial ecosystems; ocean; marine ecosystems; deciduous forest; temperate forest; cycle; deposition; fluxes; interglacial changes |
| 8 | CCUS 技术经济评估 | CCS; post-combustion capture; coal-fired power plant; net efficiency; economics; cost; efficiency penalty; green jobs; renewable energy employment; energy efficiency employment; technoeconomic assessment; CO$_2$ cycles; negative emission technology; impact; brayton cycles |

## 3.5.2　技术研发研究

　　为了了解 CCUS 技术研发的研究热点，将高被引专利进行引文耦合分析得到主题类似的聚簇（图 3-24），再对聚簇主题进行解读，获得每个簇类所代表的专利研究热点。从表 3-2 可见，较多专利关注变压吸附、沸石和氧化铝吸附剂、分子筛吸附剂、基质膜以分离气体、直接空气碳捕集、碳氧化物和氢的分离等技术的研发，是 CCUS 应用研究的热点。

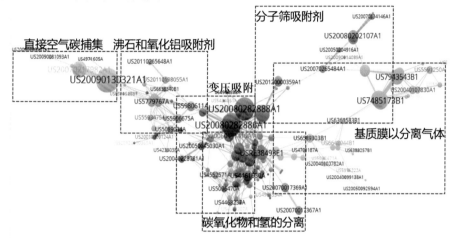

图 3-24　CCUS 技术的专利研究热点

表 3-2　CCUS 技术相关专利的研究热点及专利关键词

| 序号 | 研究热点 | 专利关键词 |
|---|---|---|
| 1 | 变压吸附 | pressure swing adsorption; PSA; separation; gas mixture; multiple desorption; purge; self-supported structured adsorbent; recycling; efficiency; removal; recover; vacuum swing adsorption; adsorbent fabric; large-scale |
| 2 | 沸石和氧化铝吸附剂 | alumina; type Y zeolite; solid shaped adsorbent; carbon dioxide; removing; air; streams; pressure swing adsorption; periodically regenerated; cryogenic separation; purification; water vapor; hydrocarbon |
| 3 | 分子筛吸附剂 | molecular sieve; zeolitic; non-zeolitic; ammonia; copper-loaded; exhaust gas; different pore sizes; adsorb; exchange |
| 4 | 基质膜以分离气体 | mixed matrix membrane; blending film; pyrolyzed polymeric membrane; carbondioxide; hydrogen; nitrogen; mixture of gases; gas separation; carbon nanometre fibre; alkali functional ion liquid; ZIF-8/graphite-phase carbon nitride; organic polymer; organic microporous; metal organic framework; permeate; molecular sizes |
| 5 | 直接空气碳捕集 | air collector; atmosphere; capturing ambient $CO_2$; ion exchange membrane; amine-tethered solid sorbents; $CO_2$ fixation; nano-structure; solid regenerative polyamine; polyamine polyol; absorbents; separation; extracting carbon dioxide; monomer blend; polymer binder; wet film; anion exchange; dilute gas streams; cyclical; solid adsorbent; cycle; substrate; cations |
| 6 | 碳氧化物和氢的分离 | carbon monoxide; hydrogen; integrated recovery; low pressure gases; PSA; adsorbent beds; fuel cell; hydrocarbon steam; synthesis gas stream; carbon dioxide adsorbent; purify gas; reactor |

我国《"十二五"国家碳捕集、利用与封存科技发展专项规划》提及优先发展方向为：大规模、低能耗 $CO_2$ 分离与捕集技术，如吸收性能高、再生能耗低的新型吸收剂等；安全高效 $CO_2$ 输送工程技术，如长距离 $CO_2$ 管道输送特性及模拟技术等；大规模、低成本 $CO_2$ 利用技术，如油气藏地质体 $CO_2$ 利用与封存潜力评价等；安全可靠的 $CO_2$ 封存技术，如地质封存理论、陆上／海底咸水层封存、枯竭油气田封存等；大规模 $CO_2$ 捕集、利用与封存技术集成和示范，如研究 CCUS 各要素技术之间的匹配性与相容性。

## 3.6 未来展望与前景

CCUS 是唯一助力电力、钢铁、水泥等难以减排行业深度脱碳的技术，也是应对气候变化的较显著方式之一，对实现双碳目标极其重要。化石能源 +CCUS 成本较高主要是相对于风光电而言，但后者未包括全部发电成本（输电、配电、电网稳定性与电网恢复力等）。

CCUS 发展前景如下。

①低成本、大规模、集中的碳源供应是制约 CCUS 技术工业化推广的瓶颈之一。投入与运营成本仍是发展碳捕集技术的最大困扰。对于低压低浓度碳源，目前尚无经济可行的成熟技术，新型低能耗化学溶剂、膜加变压吸附及化学吸收法组合技术都是研发重点。

② CCUS 产业模式和商业模式尚未成熟。CCUS 项目涉及电力、煤化工、钢铁、油气等多个行业的不同企业，需要统筹产业集群的发展和布局，建立有效的协调机制或行业规范，以及长期公平的合作模式。

③短期内中国以化石能源为主的能源结构不可能改变，有效的 CCUS 政策如具体的财税支持和激励机制，以及合理的碳定价至关重要。

④ CCUS 发展方向包括生物质与 CCS（BECCS）、直接空气捕捉（DAC）、高价值转化（化肥原料、苏打粉、砖与水泥）等，发展前景广阔。

CCUS 是目前实现大规模化石能源零碳排放利用的关键技术，结合 CCUS 的火电将推动电力系统净零排放，平衡可再生能源发电的波动性，提供保障性电力和电网灵活性。"新能源发电 + 储能"与"火电 +CCUS"将是不可或缺的技术组合，这些将构成以新能源为主体、"化石能源 +CCUS"和核能为保障的未来安全高效的能源体系。

# 4  光伏建筑一体化

　　光伏建筑一体化（Building Integrated Photovoltaic, BIPV）指在建筑外围护结构的表面安装光伏组件提供电力，同时作为建筑结构的功能部分，取代部分传统建筑结构，如屋顶板、瓦、窗户、建筑立面、遮雨棚等，也可以做成光伏多功能建筑组件，以实现更多的功能，如与照明、建筑遮阳等结合。2020年可以被视为BIPV发展元年，虽然目前还处于技术推广阶段，行业和社会利用度不高，距离规模化发展尚远，然而近年随着各国减排目标不断提升，建筑迈向近零能耗是发展趋势，在巨大的市场潜力推动下，已有众多光伏企业进入BIPV市场，进行跨界收购、开发应用、积极扩产。

　　BIPV是一种将太阳能发电（光伏）产品集成到建筑上的技术。第一，能够实现与建筑完美融合，所产生的电力能提供给建筑物使用，可以削峰填谷，并降低空调能耗（工厂和办公楼的能源消耗中，空调设备能耗大约占据40%），真正实现了建筑绿色和经济的共同发展，在众多建筑减碳形式中是解决建筑碳排放的有效方式之一。第二，有助于调节城市气候。热岛效应产生的主要原因在于混凝土建筑对阳光的反射性强，大量的热聚集于接近地表的大气中。当城市大面积使用BIPV以后，很大一部分的太阳辐射能量被光伏组件吸收而转化成电能，大气中的热能密度下降，热岛效应也相应得到解决。第三，可以美化视觉环境。现代城市建筑90%为钢筋混凝土结构，表面色彩单调，反光性强，是对人体视觉系统的一种较大的伤害。BIPV建筑中的光伏幕墙对阳光的吸收性很强，使市内建筑物间的光反射大大减少，同时光伏组件多为深蓝色。第四，可以隔音。常规的隔音板采用单层塑料来隔音。BIPV建筑采用双波光伏组件制成的隔音板，通过中空结构起到隔音效果。

　　BIPV作为绿色建筑的主流形式，高度契合了绿色建筑的发展潮流，代表了城市和建筑能源发展的未来趋势，不过，BIPV市场目前仍处于起步阶段，不具备核心光伏技术、防火及防水性能差、维护难度大、产品散热差、品牌可靠性弱等都是BIPV目前存在的瓶颈。

## 4.1 发展历程与政策

### 4.1.1 研究方向

BIPV 系统的建设主要包括发电设备、配电系统、建筑结构，其中主要的成本在于光伏建材，而光伏建材本质上是另一种形式的光伏组件，其度电成本的下降主要与光伏组价的发电效率相关（图 4-1）。

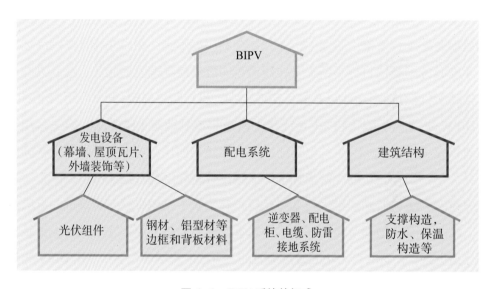

图 4-1　BIPV 系统的组成

BIPV 发电系统的工作原理，是利用某些半导体材料界面的光生伏特效应，将光能直接转变为电能。发电系统分为离网型、并网型两种。离网型太阳能光伏发电系统，包括太阳能电池板、蓄电池组、太阳能控制器、变换器和监控系统等五大部分，形成自给自用的独立发电系统；并网型太阳能光伏发电系统，将光伏阵列输出的直流电转化为与电网电压同幅同频同相的交流电，从而与电网连接并输送电能，日照强时将多余电能送入电网，日照不足时从电网汲取电能，从而保证持续供电。

BIPV 电池按电池材料种类不同，可大致分为晶体硅电池和薄膜电池。晶体硅电池的优势包括光电转换效率高、安装尺寸小、密度和空间利用率高、生产材料和技术成熟，为市场主流技术路径。晶体硅电池包括单晶硅电池、多晶硅电池、单晶异质结电池（门槛高、成本高、尚未规模量产）。

薄膜电池包括铜铟镓硒(CIGS)薄膜电池、碲化镉(CdTe)薄膜电池、钙钛矿(PSC)电池(稳定性不足、尚未规模量产)。薄膜电池整体技术略逊于晶体硅电池,2020年产量仅占光伏电池的4.6%左右,但透光性较好,适应高温和弱光条件,与建筑立面更易融为一体而不影响外观效果,因此在光伏幕墙市场也得到了较多应用。三代光伏电池的类别、优劣势和实际应用情况如图4-2所示。

| 光伏电池类别 | | 优劣势 | 实际应用 |
|---|---|---|---|
| 第一代 | 单晶硅和多晶硅光伏电池 | 目前BIPV市场上最常见的类别,各项技术比较成熟,性能也很稳定 | 得到广泛应用。多晶硅的光电转换效率优于单晶硅,是光伏市场中最常见的太阳能电池类型 |
| 第二代 | 碲化镉(CdTe)/硫化镉(Cds)光伏电池 | 能够吸收更广的太阳光频谱范围。CdTe太阳能光伏电池的最大光电转换效率为21.5%,平均光电转换效率达到14.7%,并且CdTe薄膜光伏太阳能电池可以快速制造,为传统硅基光伏技术提供了一种低成本的替代方案 | CdTe是继多晶硅之后全球市场上第二丰富的太阳能光伏技术 |
| 第二代 | 铜铟镓硒(CIGS)光伏电池 | 铜铟镓硒(CIGS)太阳能电池具有弹性好、抗太阳辐射强度高、对太阳光谱的吸收非常强等优点,光电转换效率为目前所有薄膜电池中最高,在玻璃基板上接近20% | 可以用于柔性光伏模块场景,暂时无法被替代 |
| 第三代 | 硫化铜锌锡光伏电池(CATS) | CATS和CIGS有类似的光学和电学性质,非常适合做薄膜光伏电池的吸收层,但成本比CIGS低很多,并且储量相对丰富,对环境友好 | 目前该材料实验室条件下的光电转换效率仅达到12% |
| 第三代 | 染料敏化光伏电池 | 染料敏化光伏电池(Tratzel型太阳能电池)属光电化学系统,成本较低,可根据需求制成半柔性或半透明状态,制作过程简单 | 实际应用中会消耗大量珍贵材料如铂和钌;并且为液态电解质,不适合所有天气环境,会大幅增加维护费用,目前处于理论阶段 |
| 第三代 | 聚合物光伏电池 | 采用有机聚合物作为光电转换材料,柔性好,制作容易,材料来源广泛,成本低。但使用寿命和电池效率都不理想 | 研究还处于起始阶段 |
| 第三代 | 有机光伏电池 | 与聚合物光伏电池一样,虽然成本低,但是与无机电池相比效率低,稳定性差,强度低 | 研究还处于起始阶段 |
| 第三代 | 钙钛矿光伏电池 | 被业界认为是代替传统硅电池的最理想材料,不仅制造简单,生产成本低廉并且光电转换效率已从2009年的3.8%提升到现在的25.2%,是迄今为止发展最快的太阳能电池技术 | 由于该材料具有低生产成本和极高转换率的潜力,国外已经计划将钙钛矿光伏电池模块投放市场 |
| 第三代 | 量子点光伏电池 | 是目前最新、最尖端的太阳能电池技术,独特优势包括:量子尺寸效应,通过改变半导体量子点的大小,可使太阳能电池吸收特定波长的光线,即小量子点吸收短波长的光,而大量子点吸收长波长的光 | 目前还在理论认证阶段 |

图4-2 BIPV用光伏电池的技术更新情况

## 4.1.2 发展脉络

1967年,日本MSK公司最早提出光伏建筑一体化产品。日本MSK是全球顶级的高科技材料公司。MSK将透明前后板加工成半柔性和轻量化光伏组件,将其粘贴在屋顶和墙面上，是最早的 BIPV 技术商业应用概念的开拓者，也是轻量化光伏发电设备的鼻祖。

1991 年，德国慕尼黑举行的建筑行业展会真正让 BIPV 进入全球视野，展会期间，旭格公司将光伏组件和艺术空间设计相结合，首次推出了"光电幕墙"。

2004 年，机遇号火星探测车上的太阳能发电板为典型 BIPV 产品，采用半片及串并联线路设计。

2004 年，夏普开始在美国和欧洲地区开设工厂生产光伏组件，于 2004 年前后在美国建成当时最大的太阳能电池配装公司，并把自己生产的太阳能电池板安装在英国曼彻斯特的摩天大楼幕墙上，还斥资建立了自己的太阳能研究院。

2004 年，深圳园博园和北京天普工业园在中国首次引入 BIPV 理念。

2009 年，台湾高雄世运会主场馆螺旋造型的 BIPV 屋顶落成，总装机容量为 1 MW，屋顶面积达 21 000 m²，共辐射 8844 片 BIPV 模组，由台湾纳米龙科技设计研发和制造。

2010 年，中国无锡尚德总部研发大楼玻璃幕墙 BIPV 示范项目落成，这是当时全球最大单体 BIPV 示范项目，幕墙面积为 6900 m²。

2013 年，保定英利投资的电谷锦江酒店 BIPV 示范项目落成，1.5 MW 各类 BIPV 产品安装在酒店屋顶、外墙、窗户等位置，该项目是当时中国最大 BIPV 示范项目，应该也是至今可以看到公示报告的最大单体 BIPV 示范项目。

2016 年，美国的特斯拉和 Solar city 发布 BIPV 的屋顶瓦片，售价大约为 25 元/W，能量密度 80~90 W/m²。

2018 年，中国的汉能在北京大会堂隆重举行发布汉瓦产品，售价大约为 13 元/W，容量密度 80~85 W/m²。

2018 年，来自硅谷的合资公司赫里欧新能源科技有限公司发布第二代智能 BIPV 产品，售价为 700~800 元/m²，系统造价仅 4.5~5.0 元/W，而容量密度高达 160~170 W/m²。

### 4.1.3 典型案例

目前，光伏建筑一体化已经有很多应用案例。代表案例包括荷兰国际园艺博览会馆（2.3 MW）、德国 Mont-Cenis Academy（1 MW）、亚特兰大奥运体育馆（340 kW）、日本京瓷总部（220 kW）、德国弗莱堡太阳能城市、德国柏林中央车站、日本 Sanyo 太阳光电公司、芝加哥太阳能大厦、纽约 Stillwell 大街地铁站、中国山东德州的"日月坛"，其均采用了光伏建筑一体化技术，节约资源，减少碳排放。

### 4.1.3.1 美国

（1）西伯克利公共图书馆

西伯克利公共图书馆是加州首个通过国际生活未来研究所（International Living Futures Institute）生活建筑挑战认证的净零能耗建筑——公共图书馆类，也是首批参与美国太平洋燃气电力公司（Pacifific Gas&Electric，PG&E）ZNE 试点计划的项目之一。

（2）Zhome 多户住宅

位于伊萨奎市（Issaquah）的 Zhome 多户住宅是美国首例净零能耗多户住宅项目。该建筑群由 10 个建筑单元和 1 个公共社区组成，目的是建造一个既可负担得起，又可作为净零能耗建筑案例的示范项目。

（3）环境创新中心

环境创新中心（Environmental Innovation Center，EIC）位于加利福尼亚州圣何塞（San Jose），是地方政府持有的教育环境资源中心，建筑的改造目标为通过能源系统的改造探索净零能耗建筑。

（4）INDIO 路 435 号办公建筑

位于加利福尼亚州桑尼维尔（Sunnyvale）的 INDIO 路 435 号办公建筑，始建于 1973 年，曾是惠普公司的研发实验中心和办公室。作为首个办公类型的既有建筑净零能耗改造案例，该建筑对经济高效的净零能耗办公楼的可行性进行了验证探索。

### 4.1.3.2 日本

（1）甲府市政厅

甲府市政厅的设计规划旨在成为适合内陆气候的零能耗建筑政府大楼。该市政厅安装了 300 kW 的太阳能发电系统，是日本太阳能光伏安装量最大的市政大楼。外遮阳结构采用了典型的水平独立式建筑外遮阳与光伏一体化设计。

（2）横滨钻石大厦

三菱仓库建造商业建筑"横滨钻石大厦"，在 2009 年 12 月建造完成。建筑主要特征是在外墙上安装了日本最大的建筑光伏幕墙，面积为 1530 m²，采用了单元式光伏幕墙设计，建筑包含两层建筑表皮及中间的通风空间，可以有效地隔绝建筑内外环境，光伏电池整合在外部幕墙，通风空间的内部空气流动能有效降低太阳能电池的工作温度。

### 4.1.3.3 中国

（1）上海世博会

设计应用的太阳能发电项目规模大、新技术多，是世博历史上太阳能发电技术应用规模最大的一次。世博主题馆屋面太阳能板面积达 3 万多 $m^2$，是目前世界最大单体面积太阳能屋面，年发电量可供上海 4500 户居民使用一年，相当于每年节约标准煤约 1000 吨。世博园里的中国馆、主题馆、世博中心、文化中心等标志性建筑屋顶和玻璃幕墙上安装了总装机容量超过 4.68 MW 的太阳能发电设施，每年能减排 $CO_2$ 40 000 吨，是国内面积最大的太阳能光伏电池示范区。

（2）北京大兴国际机场

2019 年 9 月，大兴机场正式投入运营，这是国内首个通过顶层设计、全过程研究实现内部建筑全面深绿的机场。大兴机场全场 100% 为绿色建筑，其中 70% 以上的建筑可达到三星级绿色建筑，二星级及以上不低于 90%，一星级 100% 进行要求。

（3）南昌国家医药国际创新园

2019 年 7 月，南昌国家医药国际创新园联合研究院外立面光伏发电玻璃幕墙顺利完工，这是全国单体最大光伏发电玻璃幕墙项目。该项目建筑幕墙总面积约 11 万 $m^2$，光伏幕墙面积达 6000 多 $m^2$，工程总造价达 1.1 亿元，工期历时 11 个月。

（4）中国玻璃新材料产业园

2020 年 9 月，凯盛科技建设了国内首个中国玻璃新材料产业园 10.08 MW 光伏建筑一体化项目。作为迄今为止世界单体规模最大薄膜光伏建筑一体化应用示范项目，其与美国苹果总部大楼并列为世界最大的千万瓦级别自发电工程项目。

## 4.1.4 政策支持

近年来随着建筑业的不断发展，建造和运行使用的能源越来越多，尤其是在建筑的采暖和空调耗能方面，大力推进建筑节能迫在眉睫。发达国家从 20 世纪 70 年代的能源危机起就开始关注建筑节能，我国建筑节能的研究和实施起步较晚，开始于 20 世纪 80 年代后期。如今，面临全球性的能源短缺问题，建筑节能是改善和提高建筑节约能源、促进环境保护、减少温室气体排放的重要措施之一，受到各国政府的高度关注和支持。自 2000 年以来，欧美和日本开始出台相关政策，将 BIPV 列入重点发展目标。我国是世界上太阳能资源最为丰富的国家之一，除东北的少数地区外，其他地区年平均日照时数都在 2600 小时以上，充足的日照使得 BIPV 发电效益显著。中国国家及各级政府纷纷出台政策进行扶持，目前已有超过 20 个省份发布了 BIPV 相关政策。

### 4.1.4.1 美国

1978 年，美国国会通过《光伏产业的研究、开发和推广》法案，法案要求每年光伏发电量翻一番。之后，《1980 年太阳能和节能法案》《1991 年清洁空气法案修正案》《1991/1992 年能源部国家能源战略》《1992 年能源政策法案》都对建筑、工业和发电领域的节能与能效做出了新规定。

1995 年，美国 DOE 发布的《可再生能源战略》中的 5 项战略之一是通过研究和开发节能与能效技术及使用替代交通燃料、可再生能源和技术来提高能源效率。从那时起，工业界越来越多地开发用于并网应用的建筑集成光伏系统和光伏电站。

1997 年，美国独立和并网光伏系统首次大规模生产，用于"百万太阳能屋顶计划"，该计划为到 2010 年在 100 万个建筑屋顶（或建筑其他部位）安装 3~5 kW 的太阳能系统，包括太阳能光伏发电系统和太阳能集热系统。

2005 年，美国《能源政策法案》的出台使光伏建筑一体化的应用越来越多地在市场上出现。同年创建的投资信用补贴（Investment Tax Credit，ITC）是美国光伏行业发展最主要的补贴与激励政策，政策规定项目投资人在光伏系统开发和建设阶段投入资金的 30% 可用于抵免公司或个人联邦税务。

2009 年，美国总统奥巴马签署的第 13514 号行政命令中，对联邦政府管理和使用的建筑提出强制性要求，即从 2020 年起，所有计划新建或租赁的联邦政府建筑须以建筑物实现零能耗为导向进行设计，使建筑物可在 2030 年达到净零能耗建筑。

2011 年，美国 DOE 启动 Sun Shot 计划，目标设定为截至 2020 年，使美国太阳能电力市场可以在无补贴条件下与燃料电力市场竞争。这意味着在住宅、商业和大型电站部门中，光伏发电和聚光太阳能热发电（Concentrated Solar Thermal Power，CSP）价格成本将削减约 75%。

2016 年，受益加州政策，特斯拉通过收购 SolarCity（美国户用太阳能系统安装商），从光伏屋顶切入 BIPV 业务，期间面向欧美住宅陆续发布 BIPV 产品第一代和第二代 Solar Roof。至此，BIPV 开始真正受到欧美地区人们的欢迎。

#### 4.1.4.2 欧洲

2004 年，德国修订 EEG 法案，进一步细化上网电价，同时明确了补贴下降速度。2004—2007 年，德国光伏产业快速稳定发展。

2018 年，欧洲委员会修订了建筑节能指令（EPBD），要求在 2021 年及之后建造的建筑物必须为近零能耗建筑物（NZEB）。

2020 年，德国议会正式批准取消《可再生能源法》中的光伏发电装机补贴上限，这有利于提振产业信心，同时为光伏产业带来更多的投资。自 2020 年 1 月以来，德国政府为节能建筑和改造提供了更多援助。例如，房主收到补助，用于更换旧的中央供暖系统；节能建筑与改造的补偿标准上调 10 个百分点；德国政策性银行复兴信贷银行（KfW）为购买、改造或建造节能建筑提供更高的贷款，并对节能建筑和节能改造措施提供税收减免。

2021 年，根据欧盟的建筑法案"2010/31/EU"，欧盟成员国每处新建建筑都必须达到近零碳排放标准。

#### 4.1.4.3 日本

1974 年，日本政府开始实施"新能源技术研究开发计划"，简称"阳光计划（Sunshine Program）"。该计划以实现低价格、高效率的太阳能光伏发电为技术目标，长期、综合性、有组织地进行实用型太阳能电池技术的研发。

1979 年，为加速推进阳光计划，日本政府建立新能源产业技术综合开发机构（the New Energy and Industrial Technology Development Organization，NEDO），有力地推动日本太阳能技术的研发速度。

1986 年，NEDO 在兵库县神户港的 100 户住宅上进行大规模的太阳能发电实验，验证了太阳能发电系统在住户端应用的可行性。

20 世纪 80 年代末，日本进入普通家庭住宅用太阳能发电系统实用化的研发阶段。

1994 年，日本政府开始实施"新阳光计划（New Sunshine Program）"，其中包括住宅用太阳能发电系统补助金制度，这两项关键政策促使太阳能光伏发电系统逐渐开始进入日本普通家庭。

1997 年，日本颁布《新能源促进法》。在此期间，日本太阳能电池产量从 1992 年的 19 MW 迅速扩张到 1998 年的 50 MW，住宅太阳能光伏发电系统投资成本也从 1994 年的 200 万日元 /kW 降低至 1998 年的 100 万日元 /kW。

1998 年，日本太阳能产业进入快速发展时期，截至 2005 年，日本太阳能电池产量和太阳能光伏系统装机量位居世界第一，太阳能电池产量为 883 MW，占世界太阳能电池总产量的 48%；太阳能光伏系统装机量为 3700 MW，占世界总装机量的 38%。

2003 年之后，日本政府对建筑光伏的补贴开始下调，直到 2006 年取消补贴。

2007 年，NEDO 在 "PV2030+" 发展路线图中提出太阳能发电的发展目标：2025 年太阳能电池转换效率平均达到 25% 以上，太阳能光伏发电成本降低至 14 日元 / 千瓦时。

2009 年，日本重新启动住宅光伏补贴，再加上全球光伏组件成本的快速下跌，2009 年建筑光伏年装机量超过 480 MW，并在之后几年继续大幅增长。日本成为当时世界上最大的建筑光伏市场。

2011 年，日本大地震及福岛核电站泄漏事故导致日本国内核电站全部停运、电价上涨。日本政府为保证能源安全，正式开始实施固定电价买取制度（Feed-in Tariff，FiT）。这一政策使太阳能发电装机规模在日本国内呈爆发式增长。

2014 年，NEDO 制定 "太阳能发电开发战略（NEDO PV Challenges）"，作为太阳能发电领域的新技术开发指南，将 "安装和扩大太阳能发电装机量" 的战略转变为 "在大规模安装太阳能发电系统后，对社会能源持续提供"，并提出太阳能发电长期的技术目标。

### 4.1.4.4 中国

2009 年，中国启动 "太阳能屋顶计划"，并在当年开展了 111 个太阳能光电建筑应用示范项目，装机容量达到 91 MW。

2012 年，中国发布《关于申报分布式光伏发电规模化应用示范区通知》，拉开光伏分布式应用序幕。

2013 年，中国发布《关于发挥价格杠杆作用促进光伏产业健康发展的通知》，规定分布式光伏发电的度电补贴政策，并明确光伏补贴政策的期限原则上为 20 年。

2016 年，中国发布《太阳能发展 "十三五" 规划》，提出大力推进屋顶分布式光伏发电，到 2020 年建成 100 个分布式光伏应用示范区，园区内 80% 的新建建筑屋顶、50% 的已有建筑屋顶安装光伏发电。

2017 年，中国分布式光伏发电高速发展，分布式光伏发展不受各地年度新增建设规模限制，而在企业盈利能力快速提升的同时，补贴政策开始有所退坡。分布式光伏补贴由 2016 年的 0.42 元 / 千瓦时，降为 2017 年的 0.37 元 / 千瓦时。

2018 年，中国"531"新政出台，在电价上确认"两下调"原则，对光伏建设规模进行缩减；分布式光伏发电项目，全电量度电补贴标准降低为每千瓦时 0.32 元（含税），而 2019 年 4 月和 2020 年 4 月，采用"自发自用、余量上网"模式的工商业分布式光伏全发电量补贴标准再次分别下调为每千瓦时 0.10 元、0.05 元，分布式光伏发电补贴力度继续下调。

2019 年，中国"电改"加速后，BIPV 有了更多参与竞争的机会。同期，通过政策引导＋资本助力，中国首家专注于光伏建筑一体化的行业联盟组织——中国BIPV 联盟（China BIPV Association，CBA）在上海成立，标志着中国光伏建筑一体化产业开启发展新纪元。

2020 年，住房城乡建设部等七部门印发《绿色建筑创建行动方案》，为我国绿色建筑的发展奠定政策基础。

2020 年，已有超 20 个省份发布政策以支持 BIPV 发展，如北京市明确规定建设 BIPV 绿色建筑享有补贴，山东省等则发布了 3 年和 5 年规划，全年新增装机量约占全球市场七成，部分企业产品产量超过欧洲。不过，中国 BIPV 市场空间尚未被真正激活。

2020 年，发展改革委、住房城乡建设部、教育部、工业和信息化部、人民银行、国管局、银保监会等七部门发布《关于印发绿色建筑创建行动方案的通知》，提出要推动超低能耗建筑、近零能耗建筑发展。

2020 年，中国建筑科学研究院主编的《户用光伏发电系统》和《建筑光伏组件》先后发布，为 BIPV 行业的规范发展奠定基础，为光电建筑大规模发展打下基础。

2021 年，国家能源局下发《关于报送整县（市、区）屋顶分布式光伏开发试点方案的通知》，拟在全国组织开展整县（市、区）推进屋顶分布式光伏开发试点工作。

2021 年，国际半导体产业协会（SEMI）中国光伏标准技术委员会发布 SEMI国际标准《光伏建筑一体化（BIPV）分类标准》。该标准针对 BIPV 的安装部位、产品类别、建筑采光要求、颜色外观形式、建筑支撑结构、安装方式等进行分类标准编制，以推动 BIPV 行业的科学规范发展。

中国多数省份发布了相关的地区性 BIPV 促进政策，包括：北京《北京市装配式建筑、绿色建筑、绿色生态示范区项目市级奖励资金管理暂行办法》、天津《天津市绿色建筑管理规定》、上海《上海市建筑节能和绿色建筑示范项目专项扶持办法》、重庆《关于完善重庆市绿色建筑项目资金补助有关事项的通知》、河北《关于支持被动式超低能耗建筑产业发展若干政策的通知》、《关于印发 2020 年全省建筑节能与科技和装配式建筑工作要点的通知》、吉林《吉林省建筑节能奖补资金管理办法》、内蒙古《内蒙古自治区民用建筑节能和绿色建筑发展条例》、湖北《关于做好 2020 年度建筑节能与绿色建筑发展目标责任考核工作的通知》、浙江《浙江省深化推进新型建筑工业化促进绿色建筑发展实施意见》、河南《河南省绿色建筑创建行动实施方案》、陕西《陕西省绿色建筑创建行动实施方案》、《关于加快推进陕西省绿色建筑工作的通知》、辽宁《辽宁省绿色建筑行动实施方案》、宁夏《宁夏回族自治区绿色建筑示范项目资金管理暂行办法》、云南《云南省人民政府关于印发云南省降低实体经济企业成本实施细则的通知》、新疆乌鲁木齐《全面推进绿色建筑发展实施方案》、江苏《江苏省绿色建筑发展专项资金管理办法》、山西《关于印发山西转型综改示范区绿色建筑扶持办法（试行）的通知》、山东《山东省省级建筑节能与绿色建筑发展专项资金管理办法》、青海《青海省促进绿色建筑发展办法》等。

## 4.2 科技研发与成果

### 4.2.1 论文专利走向

光伏建筑一体化相关论文和专利的数量增长变化趋于一致，均在 2010 年左右有了大幅增长，这与美国实施"千万太阳能屋顶计划"，以及中国出台《关于加强金太阳示范工程和太阳能光电建筑应用示范工程建设管理的通知》的时间比较接近。之后中国、美国、欧洲陆续出台新的相关产业举措和标准，进一步推进了该技术的快速发展（图 4-3 ）。

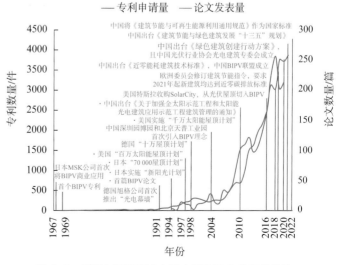

图 4-3　BIPV 相关领域专利申请和论文发表的趋势

### 4.2.2 论文年度变化

首篇光伏建筑一体化相关论文发表于 1994 年，之后 10 年间的论文发表数量一直保持在 10 篇/年；2006—2010 年处于缓慢增长期；2011 年开始进入快速增长阶段。

通过期刊发表的论文约占所有论文数量的 2/3，通过会议发表的论文大概占 1/3。在 2015 年之前，SCIE 收录的期刊论文数量与 CPCIS 收录的会议论文数量基本持平，但之后通过会议论文发表的光伏建筑一体化成果数量逐年减少，在 2020 年受到新冠疫情影响，之后的论文很少在会议上发表（图 4-4）。

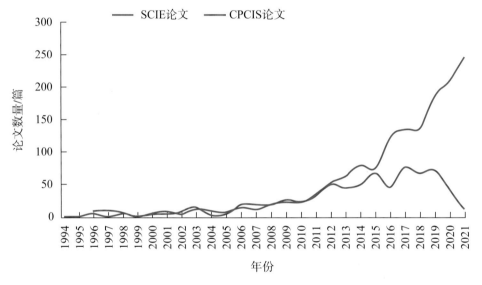

图 4-4 BIPV 相关论文的发表情况

### 4.2.3 专利年度变化

首件与光伏建筑一体化相关的专利于 1969 年申请；在 1994 年之前一直处于萌芽阶段；之后有了缓慢增长；2009 年专利申请数量开始迅猛增加；2011—2014 年进入平台起伏阶段；2015 年开始又迅速回升。光伏建筑一体化相关专利中，43.95% 的专利申请被授权，获得专利技术垄断权利。15.6% 的专利在本国/地区之外通过 WIPO 申请了专利授权，成为 PCT 专利。仅有 2.7% 的专利为三方专利，即在美国、欧洲专利局和日本知识产权局均提交了专利申请，并且至少在美国获得了专利授权（图 4-5）。

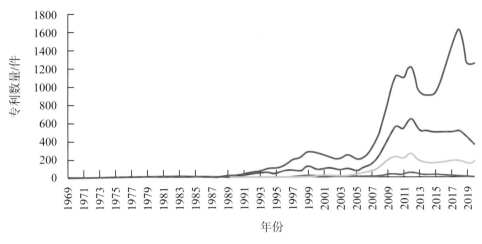

图 4-5　BIPV 相关专利的申请和授权情况

## 4.3　地区竞争与合作

### 4.3.1　地区创新分布

中国、美国、英格兰、意大利和韩国的光伏建筑一体化相关论文发表数量居全球前 5 位；而英格兰、法国、西班牙、新加坡和美国的平均被引用次数较高，在全球范围具有较大的学术影响力。中国论文的平均被引用次数为 19.4 次 / 篇，与排名第一的英格兰 31.7 次 / 篇差距较大，在前 15 位国家 / 地区中仅高于印度、澳大利亚和韩国（图 4-6）。

如图 4-7 所示，中国的专利申请数量达到 18 940 件，远超全球排名第二的德国（1809 件）。美国、韩国和日本的专利数量在全球也居前列。美国、英国和澳大利亚的专利平均被引用次数居世界前三，中国的专利平均被引用次数小于 1 次 / 件，为前 15 位国家 / 地区中的最低，而且并未随着时间推进而增加。

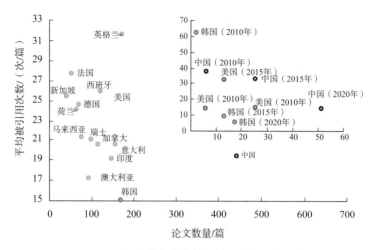

图 4-6　BIPV 相关论文发表数量前 15 位国家 / 地区的情况

注：小图表示中国、美国、日本分别在 2010 年、2015 年、2020 年的
论文数量和平均被引用次数，单位同大图。

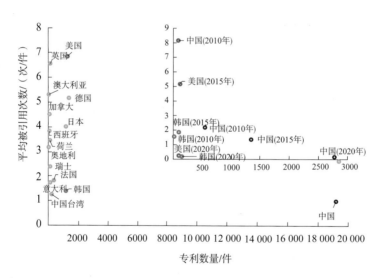

图 4-7　BIPV 相关专利申请数量前 15 位国家 / 地区的情况

注：小图表示中国、美国、韩国分别在 2010 年、2015 年、2020 年的
专利数量和平均被引用次数，单位同大图。

## 4.3.2　国家年代趋势

光伏建筑一体化相关论文发表数量前 5 位国家 / 地区中，中国、意大利、韩国的论文数量占全球的比重在近两个年代均有所增长；其中中国增长最快，由最初的 13.25% 增长到 2013—2022 年的 19.87%。仅美国的全球占比在持续减少，从 24.70% 减少到了 7.80%，落后于韩国、英格兰、意大利等国家 / 地区（图 4-8）。

从图 4-9 可见，中国申请的光伏建筑一体化相关专利申请数量的增长极快。在
1991 年之前完全没有相关专利申请，到目前其专利申请量已占到全球的 3/4 以上，
这极大地挤压了其他国家，如德国、日本、美国的专利申请占比。不过，韩国的专
利占比没有受到影响，在每个年代均较上一个年代增长了一倍以上。

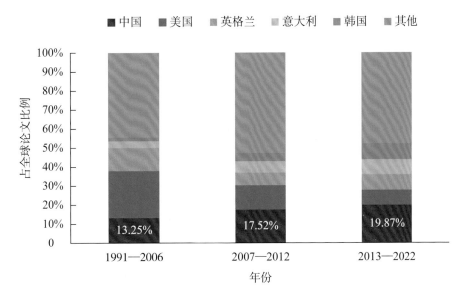

图 4-8　BIPV 相关论文发表数量前 5 位国家 / 地区在 3 个年代的全球占比情况

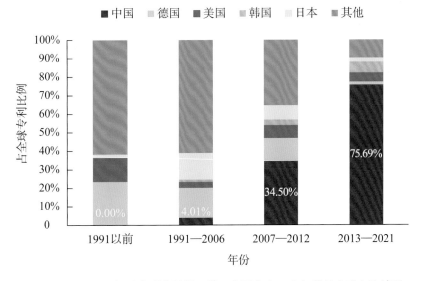

图 4-9　BIPV 相关专利申请数量前 5 位国家在 4 个年代的全球占比情况

### 4.3.3　国家逐年走向

中国发表的光伏建筑一体化相关论文发表数量于 2011 年超过美国居全球首位，

然后一直保持持续增长的趋势，并于 2019 年达到峰值。其他国家的论文发表数量也呈现起伏波动的增长态势（图 4-10）。

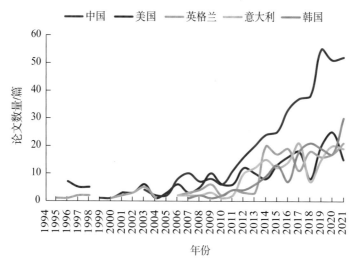

图 4-10　BIPV 相关论文发表数量前 5 位国家 / 地区的逐年变化情况

光伏建筑一体化相关专利申请数量全球前 5 位国家中，德国和日本的专利申请数量呈现明显的下滑趋势，这两个国家的申请峰值均在 2011—2012 年，之后持续快速减少。这可能与德国早在 1998 年就推出"十万屋顶计划"，日本于 1994 和 1997 年已经分别推出"新阳光计划"和"70 000 屋顶计划"有关。中国相关专利申请数量于 2007 年超过德国居于全球首位，然后呈现持续快速增长趋势；韩国亦如此，目前其年申请量已仅次于中国（图 4-11）。

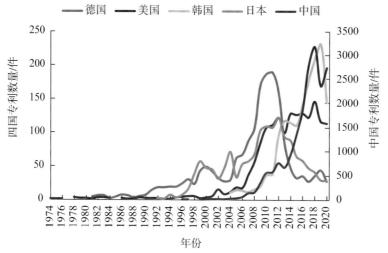

图 4-11　BIPV 相关专利申请数量前 5 位国家的逐年变化情况

### 4.3.4 国际专利分布

虽然目前中国光伏建筑一体化相关专利申请数量已经占到全球的 75% 以上，但其国际专利的数量明显偏低，仅有 417 件，占中国所有专利的比例则是全球前 10 位国家 / 地区中最低，仅为 2.2%。美国、日本和德国的国际专利申请数量居全球前 3 位。而国际专利比例最高的国家是瑞士和意大利，分别高达 100% 和 98.2%。另外，近年相关专利申请数量增长较快的韩国，其国际专利数量为 205 件，占所有专利的比例也仅为 13.4%，居前 10 位国家 / 地区倒数第二（图 4-12）。

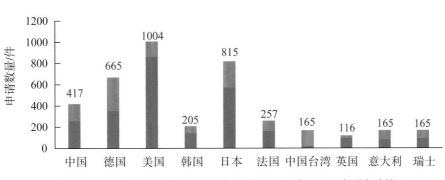

图 4-12 BIPV 相关专利申请数量前 10 位国家 / 地区国际专利申请情况

国际专利可以通过 PCT 和巴黎公约两条途径申请。中国台湾和意大利主要通过巴黎公约途径进行光伏建筑一体化相关专利的国际申请；瑞士和德国以 PCT 途径申请的国际专利数量略多于巴黎公约途径；而美国、英国、日本、韩国、法国、中国则主要以 PCT 途径申请国际专利（图 4-13）。

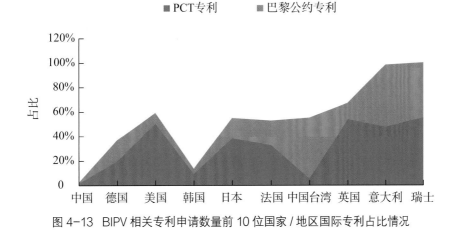

图 4-13 BIPV 相关专利申请数量前 10 位国家 / 地区国际专利占比情况

PCT 专利在 WIPO 申请（国际阶段）后，还需要在产品目标国家 / 地区知识产权管理部门申请授权（国家阶段），才可能获得专利技术的垄断权。如果仅在 WIPO 申请或仅在本国申请授权则没有必要申请国际专利。从图 4-14 可见，中国和韩国有一半或接近一半的 PCT 专利没有去其他国家 / 地区申请授权，这部分专利相对而言为无效的国际专利。而中国台湾在 WIPO 申请 PCT 专利之后，均在其他国家 / 地区申请了专利授权。

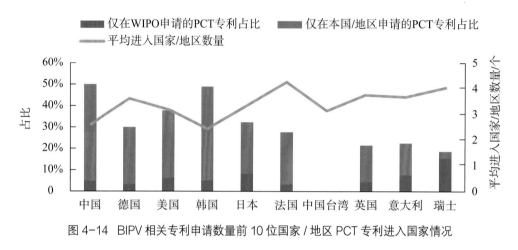

图 4-14 BIPV 相关专利申请数量前 10 位国家 / 地区 PCT 专利进入国家情况

PCT 专利进入的国家 / 地区数量越多，表明其作为国际专利的价值就越大。中国专利进入国家 / 地区平均数量较低，为 2.62 个，仅高于韩国的 2.43 个。法国和瑞士较高，分别为 4.26 个和 4.02 个。

## 4.3.5 国家合作格局

在发表光伏建筑一体化相关论文的合作国家 / 地区中，中国、英格兰和意大利与其他国家 / 地区合作次数较多，是国际合作的中心；其次是美国、澳大利亚、西班牙和印度。其中，中国和英格兰的合作发表论文数量最多，达到 38 篇；其次是中国和美国、印度和马来西亚，分别合著论文 30 篇、20 篇（图 4-15）。

在合作申请光伏建筑一体化相关专利次数最多的前 11 位国家中，美国和德国是专利技术合作研发的全球中心；其次是中国、法国和瑞士。中国和美国是合作研发最多的国家，共同申请了 31 件专利，这表明美国是中国的重要合作伙伴；美国和德国、美国和法国紧随其后，分别合作申请了 17 件和 12 件相关专利（图 4-16）。

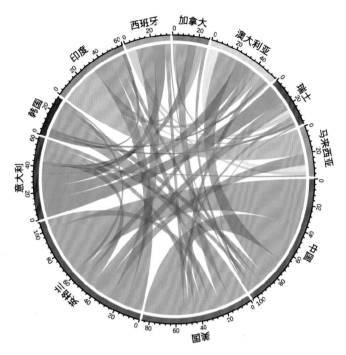

图 4-15 BIPV 相关论文发表数量前 11 位国家 / 地区合作论文数（单位：篇）

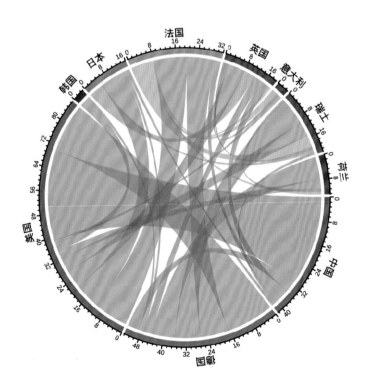

图 4-16 BIPV 相关专利申请数量前 10 位国家的合作专利数（单位：件）

### 4.3.6 城市合作格局

全球发表光伏建筑一体化论文较多的前 10 个城市分别为香港、北京、加拿大蒙特利尔（Montreal）、韩国首尔（Seoul）、新加坡（Singapore）、上海、武汉、韩国大田（Daejeon）、合肥、英国彭林（Penryn）。香港主要与中国国内城市合作紧密，是国内光伏建筑一体化研究的合作中心。

国际合作较多的城市包括：马来西亚吉隆坡（Kuala Lumpur）与苏格兰格拉斯哥（Glasgow）、中国合肥与英国诺丁汉（Nottingham）、英国彭林（Penryn）与西班牙莱里达（Lleida）、加拿大蒙特利尔（Montreal）与意大利那不勒斯（Naples）（图 4-17）。

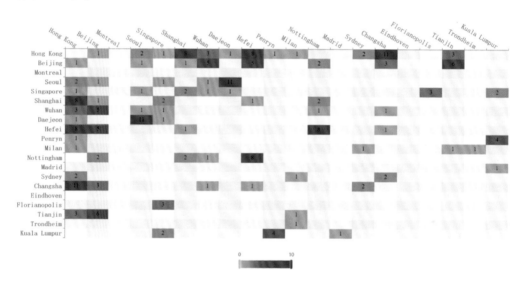

图 4-17　BIPV 相关论文发表城市的合作情况

## 4.4　机构实力与排名

### 4.4.1　理论研究机构

发表光伏建筑一体化相关论文的全球前 20 个机构，全部为大学和研究机构。其中，中国占 5 个；印度和英国各有 2 个；加拿大、埃及、新加坡、法国、澳大利亚、瑞士、意大利、巴西、比利时、美国和挪威各有 1 个机构入围。除了中国，其他顶级研究机构分布较为分散。

中国科学院相关论文发表数量居全球首位；而香港理工大学的平均被引用次数在全球前20个机构中最多，表明在本领域其科学研究的学术影响力较大（图4-18）。

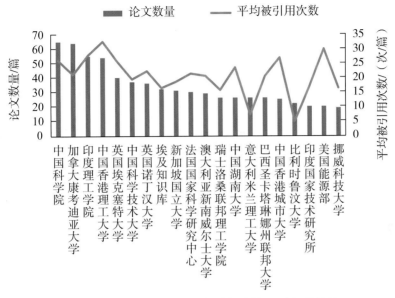

图4-18　BIPV相关论文发表的全球前20个机构情况

在发表光伏建筑一体化相关论文最多的前20个中国机构中，香港和台湾各有2所大学院所入围。香港理工大学、浙江大学、苏州大学的平均被引用次数均达到30次/篇，学术影响力在中国范围内比较大（图4-19）。

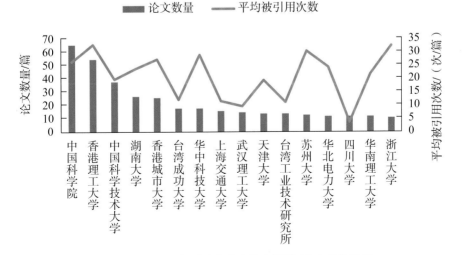

图4-19　BIPV相关论文发表的中国前20个机构情况

## 4.4.2 技术研发机构

申请光伏建筑一体化相关专利的前20家全球企业中，有11家日本企业，7家中国企业，2家美国企业，集中在日中美三国。日本松下、中国国家电网和中国汉能居全球前三。虽然中国目前的相关专利申请数量占到全球申请总量的3/4以上，但顶级研发企业数量仍显不足（图4-20）。

中国前20个光伏建筑一体化相关专利申请机构中，仅有天津大学为大学院所，其余均为企业，这是中国企业参与专利技术研发程度较高的领域。国家电网、汉能和富士康居中国机构的前三（图4-21）。

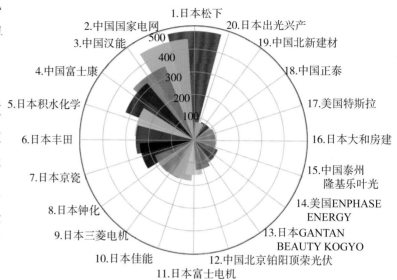

图 4-20　全球前 20 个机构的 BIPV 专利申请情况（单位：件）

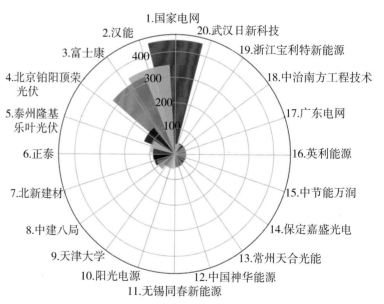

图 4-21　中国前 20 个机构的 BIPV 专利申请情况（单位：件）

## 4.5 研发热点与趋势

### 4.5.1 基础理论研究

为了了解光伏建筑一体化领域基础理论的研究热点，将高被引论文进行引文耦合分析得到主题类似的聚簇（图 4-22），再对聚簇主题进行解读，获得每个簇类所代表的论文研究热点。从表 4-1 可见，光伏集热器，太阳能聚光器，相变材料（PCM），半透明光伏组件，钙钛矿型太阳能电池，有机光伏电池，智能 BIPV 系统，经济、环境、能源分析是光伏建筑一体化基础研究的热点所在。

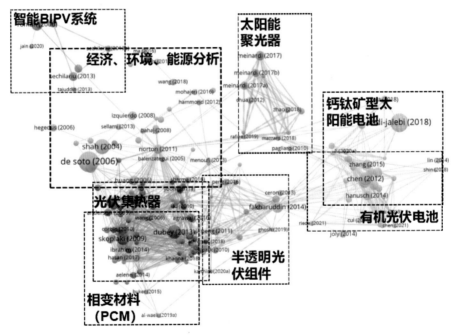

图 4-22　BIPV 技术相关论文的研究热点

表 4-1　BIPV 技术相关论文的研究热点及论文关键词

| 序号 | 研究热点 | 论文关键词 |
|---|---|---|
| 1 | 光伏集热器 | BIPV; PV collector; photovoltaics; operating temperature; solar cell; thermal performance; air heater; azimuth; photovoltaic facade; efficiency; environmental payback time; fill factor; modeling; roofing system; temperature coefficient |

| 序号 | 研究热点 | 论文关键词 |
|---|---|---|
| 2 | 太阳能聚光器 | BIPV; luminescent solar concentrator; quantum dots; carbon dots; colloidal quantum dots; EQE; inorganic perovskite; nanomaterials; optical efficiency; power conversion efficiency; phosphors; re-absorption; thin films |
| 3 | 相变材料（PCM） | BIPV; phase change material(PCM); inorganic PCM; nano-PCM; eutectic PCM; Photovoltaic; thermal management; glauber salt; passive cooling; thermal regulation; BISTPV; cooling; heat transfer; microencapsulated; micro-fins |
| 4 | 半透明光伏组件 | BIPV; semi-transparent solar cell; semi-transparent photovoltaic; double-skin façade; glazing; vacuum; CdTe; dye-sensitized solar cells; glauber salt; graphene oxide; temperature variation; TiO(2) electrode; transmittance |
| 5 | 钙钛矿型太阳能电池 | BIPV; perovskite; antireflection coating; photovoltaics; colorful; conducting polymer; flexible glass; multilayers; porous photonic crystal; semitransparent perovskite solar cell; superhydrophobicity; thermal evaporation; thin film; transparent electrodes |
| 6 | 有机光伏电池 | organic solar cells; semitransparent; color rendering index; graphene; nonfullerene acceptors; ternary blends; 3D networks; flexibility; infrared reflection; neutral color; nonfullerene acceptor |
| 7 | 智能BIPV系统 | BIPV; smart grid; energy management; battery; building-integrated microgrid; power grid; intelligent control; hierarchical control; maximum power point tracking (MPPT); fault location; communication system fault diagnosis; estimation; power system control |
| 8 | 经济、环境、能源分析 | BIPV; design; greenhouse-gas emissions; life-cycle assessment; building energy management system; cities; community; cost; daylight availability; decision-making; demand response; economic-evaluation; efficiency; financial viability; long-term performance; models; policies; prices; sustainability |

## 4.5.2 技术研发研究

为了了解光伏建筑一体化技术研发的研究热点，将高被引专利进行引文耦合分析得到主题类似的聚簇（图4-23），再对聚簇主题进行解读，获得每个簇类所代表的专利研究热点。从表4-2可见，较多专利关注光伏瓦片、光伏幕墙、光伏电池片和光伏组件、电气连接系统、屋顶光伏安装系统、屋顶光伏支架等技术的研发，这是光伏建筑一体化应用研究的热点。

我国《"十四五"住房和城乡建设科技发展规划》中的技术重点为：区域建筑能效提升技术；高效智能光伏建筑一体化利用；"光储直柔"新型建筑电力系统建设；建筑—城市—电网能源交互技术研究与应用；零碳建筑、零碳社区技术体系及关键技术；零碳建筑环境与能耗后评估技术；高性能主体结构和围护结构材料，防水密封、装饰装修和隔声降噪材料，相变储能材料，外墙保温材料等。

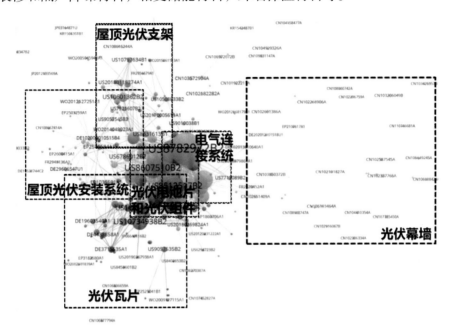

图 4-23 BIPV 技术相关专利的研究热点

表 4-2 BIPV 技术相关专利的研究热点及专利关键词

| 序号 | 研究热点 | 专利关键词 |
|---|---|---|
| 1 | 光伏瓦片 | photovoltaic tile; solar roof; glass; solar-cells; plastic deformation; solar collector; photovoltaic apparatus; thin layer; connector; silicon-based flexible; contact plug-in system; non-flat; circuit overlay |
| 2 | 光伏幕墙 | photovoltaic curtain wall; laminated hollow glass; embedded junction box; detachable ventilated; breath curtain wall; double-layer integrative; coloured glaze; veins aluminium; structure; intelligent constant-temperature |
| 3 | 光伏电池片和光伏组件 | laminated photovoltaic cell; solar panel; solar module kit; roof; full series-parallel tiled photovoltaic assembly; plug-in element; manufacturing |
| 4 | 电气连接系统 | electrical connection system; electrical routing structures; integrable photovoltaic arrays; multi-conductor return lines; integrated jumpers; flexible connectors; inverters; converters |
| 5 | 屋顶光伏安装系统 | mounting device; solar panel; solar thermal collectors; closed frame; pitched roof; roof hooks; supporting structure; cover system; fixing; roof tiles; photovoltaic roofing |
| 6 | 屋顶光伏支架 | bracket; adjustable stent; clamp type; fixing system; bolt; groove; solar modules; photovoltaic tile roof; fast levelling; non-flat |

## 4.6 未来展望与前景

众多新能源中，太阳能储量充足，使用时无污染，是取之不尽、用之不竭、绿色环保的清洁能源。将太阳能光伏发电与建筑有机结合，把建筑、技术和美学融为一体，实现光伏建筑一体化将成为未来建筑节能发展的趋势。

光伏建筑一体化存在的问题和前景如下。

①光伏建筑一体化的成本问题突出。BIPV 不仅技术要求高，生产成本高，而且安装、使用、维护成本也高。目前，政府补贴和优惠政策作用较大。长远来看，光伏电池效率的不断提高、产业规模不断增大等将让装机成本下降；加大市场化配置项目力度，加快光伏发电平价上网速度，将促进综合成本下降。

②光伏建筑一体化的标准亟待完善。建议成立 BIPV 标准化技术委员会，完善光伏建筑一体化的材料、工程等标准，保证光伏建筑的强度、防水、防火等建筑本体性能，耐久性及其智能化也是将来关注的重点。

③光伏建筑一体化技术障碍亟待突破。包括光伏材料的筛选和创新；光伏组件的温度效应问题，即组件的温度越高，光电转换效率越低；遮阴与光伏建筑不同位置光伏组件的输出匹配问题；发电稳定性、不均衡连接损失等问题。

④太阳能建筑的未来发展方向。光伏光热建筑一体化技术（BITVT）不仅能将太阳中的光能转换成电能，还可以吸收同时产生的热能，这种太阳能高效利用的形式将是未来重要发展方向。

# 5 智能电网

　　智能电网（Smart Grid）是利用先进的通信、信息和控制技术，构建以信息化、自动化、数字化、互动化为特征的电力传输网络，其可智能整合所有连接到该电网的用户的所有行为，以有效提供持续、经济和安全的电能。这些用户包括电能消费者和既发电又用电的用户。

　　化石能源的价格上涨和储量日益减少、碳排放的加剧和气候变化等问题，都严重威胁到地球的未来，我们不可避免地要逐步加大可再生能源的利用。未来的能源构成将以可再生能源为主、化石能源为辅，到2050年非化石能源占比要大于50%，其中可再生能源占比要大于40%。风电和光电等可再生能源与传统的化石能源发电不同，存在间歇性、多变性和不确定性，不能单独运行。供电侧与需求侧的不确定性成为未来电网运行所面临的最大挑战。大量分布式可再生能源和用户侧能量管理系统的接入增加了电力系统终端（如配电网、微电网、工厂、建筑和家庭）的供需不确定性。这就需要具有电力和信息双向流动性特点的智能电网采取调峰和功率平滑措施，包括分布式发电和储能、需求响应、基于协议的负荷控制、大电网吸纳、综合能源系统等，并由此建立起一个高度自动化和广泛分布的能量交换网络，把分布式计算和通信的优势引入电网，达到信息实时交换和设备层次上近乎瞬时的供需平衡。

　　电能的高效输送和分配是全球可持续发展的根本要求，是经济繁荣的基础。智能电网的使用有几个特点。第一，能够获得高安全性、高可靠性、高质量、高效率和价格合理的电力供应。第二，中国电力所需资源多分布在西部和北部，而能源需求集中在东部和中部，这种能源资源的分布和能源需求不匹配的国情需要在全国范围内实施能源的优化配置，智能电网为此提供了很好的平台，可实现能源资源跨区域、远距离、大容量、低损耗、高效率输送。第三，智能电网能够提高电网效率。传统电网发电设备和配电设备的利用效率不高，用电需求的大幅增加会导致电源短缺、电能输配容量不足，两者的矛盾可以通过智能电网智能化的统一调度解决。第四，智能电网建设能够带来巨大的经济效益和社会效益，如减少建设投资，降低电网输送损耗，从而节约建设成本。第五，智能电网能够有效提升人民的生活品质。人们的生活将会更便捷，实现对空调、热水器等智能家电的远程与实时控制、自动抄表和自动转账交费等。

相较于传统电网，智能电网具有较多特点和优势。包括自愈性，即遇到问题时，能够自动把有问题的元件从系统中分离，而且能够在没有人为干预或极少的人为干预情况下，使电力系统快速恢复到正常的运行状态；兼容性，兼容不同的储能系统和发电系统，进一步优化电力资源配置，且消费者的参与也使电网运营方式更加丰富；可控性，利用信息技术，实现对发电、输电和配电网络的全数字化控制；高效性，智能电网能够有效管理如容量变化率、容量、潮流阻塞等参量，满足市场的需求；交互性，用户是电力系统中重要的一部分，其融入电力系统的管理及运行；灵活性，指系统功率／负荷发生较大的变化、造成较大功率不平衡时，通过调整发电或电力消费而保持可靠供电；安全性，新技术的配置可以更好地识别和应对物理与网络的攻击。

## 5.1 发展历程与政策

### 5.1.1 研究方向

智能电网是电力系统技术和信息技术的汇聚和结合，各类相关技术的快速发展也为智能电网的发展提供了基础和动力。智能电网是从发电、输配电基础设施一直到电力用户的整个电网（图 5-1）。

①智能电源，包括可再生能源技术、储能技术、电动汽车和微网。可再生能源能提供清洁无污染的电能供应；不会消耗自然资源；容量配置灵活。包括太阳能光伏发电、太阳能供热、风力发电、生物质能发电、地热发电、波浪发电、潮汐发电、水力发电、燃料电池等。大量存储电能一直是电网希望获得的能力，在分布式电源和插电式电动汽车接入电网后，储能技术的重要性日益凸显。车辆到电网（V2G）技术实现了电网与电动汽车的双向互动，是智能电网技术的重要组成部分。微网是分布式能源和负荷的整合，能够以并网方式和孤岛方式运行。其目的在于提供可靠、安全和高效的电。

图 5-1 智能电网的组成

②智能变电站，是电力系统中发电、输电和配电系统的集结点，通过变压器实现不同电压等级之间的变换。除了基本的保护和传统的自动化方案外，还将带来分布式功能和通信结构的复杂性、更高级的局部分析和数据管理。包括保护、监测和控制设备，传感器和监控与数据采集。保护、监测和控制设备是一种基于微处理器的电子设备，能够通过通信连接与其他设备进行数据和控制信号交换。传感器的主要功能是收集变压器、开关和电力线等变电站设备的数据。监控与数据采集（SCADA）是指从发电厂或者其他远程场所的各种传感器收集数据并将其传送到中央计算机的系统或者系统组合，从而实现现场远程控制设备的管理和控制。

③输电系统，是电力企业中的大容量功率传输系统。包括能量管理系统，柔性交流输电和高压直流输电，广域监测、保护和控制等。能量管理系统，即使控制电网运行在额定频率附近所采用的软件和硬件系统。柔性交流输电技术可以灵活控制系统参数、联络线的输送功率，从而达到安全、经济地运行的目的；高压直流输电对于电力资源优化配置有着重要作用，可以在长距离输电方面损耗更低、易于快速控制使系统稳定性更强。广域监测、保护和控制技术能够实现对电力系统的实时监

测与分析，对电网的稳定运行和发电厂的发电质量进行监测与控制。

④配电系统，比传统配电网抵御大自然造成的灾难和黑客入侵的能力更强，更具安全性能，包括配电管理系统监测和管理，电压无功控制，故障监测、隔离与恢复供电等。电压无功控制用于控制配电网的无功流动，调整用户电压水平。故障监测、隔离与恢复供电的实现，主要依靠智能电子设备的自动控制能力，如测量、监视、控制和通信等。

⑤监视和诊断，需要 3 个基本要素：数据、智能算法、通信。数据由传感器及传感器所构成的系统提供，包括智能电子设备和开关控制器。智能化由数字处理器实现。通信则要求将得到的监视和诊断智能地在适当时间、以适当格式传递给适当的人或设备。

⑥地理空间技术，与智能电网结合，可以实时监测用户用电行为并进行适当调节；与感应器网络结合，快速定位故障点，重新调整网络；与传感器网络结合，通过信号提前发现潜在故障，快速定位排除；对电网中的风力发电场、太阳能发电场进行选址分析。

⑦智能电表及高级计量体系，是智能电网的基础，因为智能电表两侧是电网终端的能量、需求和电能质量等。它不仅包括电表，还包括通信基础设施和应用软件，以及在电力企业、电表、用户和经过授权的第三方之间进行数据交换的接口界面。

⑧网络安全，是用于保护数据、通信网络、信息技术和计算系统免受非法入侵和攻击的相关技术、流程和手段。网络安全问题需要考虑六大因素：机密性、完整性、可用性、可控性、真实性、实用性。

## 5.1.2 政策支持

智能电网能够提高能源资源的利用效率，在低碳、安全、效率方面对电网进行升级，可以提高劳动生产率，增强在全球的竞争力。所有创新大国都在积极推进本国智能电网的建设（图 5-2）；同时，这也成了全球性运动，"全球智能电网联盟"在 2010 年成立。

### 5.1.2.1 美国

1998 年，美国电力科学研究院 (EPRI) 提出复杂交互式网络 / 系统（CIN/SI），被认为是智能电网的雏形。

2001 年，EPRI 正式提出智能电网 "IntelliGrid" 概念，并启动相关研究。美国

DOE 则提出"GridWise"计划。之后，DOE 再次发布了"Grid2030"电力计划，阐述了美国未来电网发展设想，并确定了研发和试验工作的阶段目标。

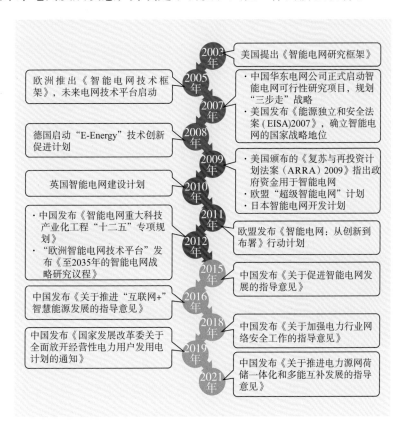

欧洲推出《智能电网技术框架》，未来电网技术平台启动 ── 2005年

德国启动"E-Energy"技术创新促进计划 ── 2008年

英国智能电网建设计划 ── 2010年

·中国发布《智能电网重大科技产业化工程"十二五"专项规划》
·"欧洲智能电网技术平台"发布《至2035年的智能电网战略研究议程》 ── 2012年

中国发布《关于推进"互联网+"智慧能源发展的指导意见》 ── 2016年

中国发布《国家发展改革委关于全面放开经营性电力用户发用电计划的通知》 ── 2019年

2003年 ── 美国提出《智能电网研究框架》

2007年 ──
·中国华东电网公司正式启动智能电网可行性研究项目，规划"三步走"战略
·美国发布《能源独立和安全法案（EISA)2007》，确立智能电网的国家战略地位

2009年 ──
·美国颁布的《复苏与再投资计划法案（ARRA）2009》指出政府资金用于智能电网
·欧盟"超级智能电网"计划
·日本智能电网开发计划

2011年 ── 欧盟发布《智能电网：从创新到布署》行动计划

2015年 ── 中国发布《关于促进智能电网发展的指导意见》

2018年 ── 中国发布《关于加强电力行业网络安全工作的指导意见》

2021年 ── 中国发布《关于推进电力源网荷储一体化和多能互补发展的指导意见》

图 5-2　与智能电网技术相关的政府支持情况

2003 年，美国提出《智能电网研究框架》并成立智能电网协会；2004 年，美国成立智能电网架构委员会。

2007 年，美国发布《能源独立和安全法案（EISA）2007》，正式定义了智能电网的官方表述，确立了智能电网的国家战略地位，随即智能电网受到各方的热捧。

2008 年，美国成立"智能电网工作组"，除了与美国国家标准与技术研究院（NIST）和 EPRI 合作制定智能电网标准外，还将致力于研究适应最新智能电网技术的智能电网家电。

2009 年，美国《智能电网互操作标准框架和技术路线图》发布，认为核心标准对智能电网建设具有重大影响，适用于智能电网多个技术领域。

2011 年，白宫科技委员会发布《21 世纪电网政策框架——保证未来能源安全》

（*A Policy Framework for the 21st Century Grid：Enabling Our Secure Energy Future*），指出投资智能电网项目的 4 项基本原则是：①智能电网项目满足成本 / 效益性；②激发电力部门的创新潜能；③赋予用户知情权和决策权；④保障电网安全。

### 5.1.2.2　欧洲

2005 年，欧洲成立"智能电网欧洲技术论坛"并推出《智能电网技术框架》。同年，启动了智能电网技术平台，并提出了开发欧洲 2020 年的电力网络的愿景。

2006 年，欧盟理事会发布《欧洲可持续的、竞争的和安全的电能策略》，指出欧洲已经进入一个新能源时代，智能电网技术是保证欧盟电网电能质量的关键技术和发展方向。

2007 年，欧洲提出"超级智能电网"的构想。

2009 年，欧盟在有关圆桌会议中进一步明确要依靠智能电网技术将北海和大西洋的海上风电、欧洲南部和北非的太阳能融入欧洲电网，以实现可再生能源大规模集成跳跃式发展。

2009 年，欧盟委员会成立了由 5 个专家组组成的智能电网特别工作组，定期向委员会就智能电网部署和开发相关问题提供建议。

2010 年，英国发布《智能电网：机遇》报告，出台了详细的智能电网建设计划。

2011 年，欧盟委员会发布《智能电网：从创新到部署》，确定了推动未来欧洲电网部署的政策方向。这标志着欧洲智能电网实现了从基础构想到具体实践的过渡。

2012 年，"欧洲智能电网技术平台"发布《至 2035 年的智能电网战略研究议程》，这是对 2007 年第一版议程报告的更新。新的议程介绍了到 2035 年促进欧洲电网和智能电力系统发展的技术优先研发与示范方向。

2012 年，欧盟将智能电网列为"再工业化"战略的六大优先发展领域之一。2016 年，欧盟委员会发布最新版《智能电网研究与创新路线 2017—2026》。

2013 年，丹麦启动新的智能电网战略，以推进消费者自主管理能源消费的步伐。

2014 年，法国配电公司 ERDF 开始在全国普及"Linky 联客"智能用电信息采集系统。

### 5.1.2.3　日本

2009 年，日本电气事业联合会发表了《日本版智能电网开发计划》。

2010 年，日本经济产业省公布了《智能电网国际标准化的路线图》，认为蓄电池控制系统、送电、配电控制装置等技术日本在世界占据优势。日本计划在 2030 年全部普及智能电网，同时官民一体全力推动海外的智能电网建设。

### 5.1.2.4 中国

2007 年，华东电网公司正式启动智能电网可行性研究项目，规划 2008—2030 年的"三步走"战略。

2009 年，中国国家电网对外公布"坚强智能电网"计划。

2010 年和 2011 年，政府工作报告中都提出"加强智能电网建设"，并将智能电网建设纳入国家国民经济和社会发展"十二五"规划纲要。这表明，智能电网建设已作为国家战略予以推进实施。

2012 年，科技部发布《智能电网重大科技产业化工程"十二五"专项规划》，明确提出了"十二五"期间智能电网科技发展思路与原则，确立了总体发展目标，部署了 9 项重点任务。该规划是智能电网正式纳入国家"十二五"规划纲要以来，国家部委层面发布的首个关于智能电网的相关规划，对明确智能电网发展思路具有重要价值及指导意义。

2013 年，科技部和发展改革委印发《"十二五"国家重大创新基地建设规划》，智能电网与特高压入围国家重大创新基地建设。

2015 年，发展改革委和国家能源局发布《关于促进智能电网发展的指导意见》。

2016 年，中国发布《关于推进"互联网+"智慧能源发展的指导意见》。

2016 年，中国发布《能源技术革命创新行动计划（2016—2030 年）》，指出能源互联网技术创新是 15 项重点任务之一。

2018 年，中国发布《关于加强电力行业网络安全工作的指导意见》。

2019 年，中国发布《关于全面放开经营性电力用户发用电计划的通知》。

2021 年，中国发布《关于推进电力源网荷储一体化和多能互补发展的指导意见》。

## 5.1.3 资助投入

### 5.1.3.1 美国

2005 年，英特尔开始在美国与当地供电局和电表厂商合作，创建了基于英特尔电脑的住宅能源管理系统。

2008 年，美国波尔得（Boulder）成为全美第一个智能电网城市，每户家庭都安装了智能电表，人们可以很直观地了解当时的电价，从而可以把洗熨衣服等用电活动安排在电价低的时间段。电表还可以帮助人们优先使用风电和太阳能等清洁能源。同时，变电站可以收集到每家每户的用电情况。一旦有问题出现，可以重新配备电力。

2009 年，美国颁布《2009 年美国复苏与再投资法案》（*American Recovery and Reinvestment Act of 2009*，*ARRA*），明确了对于智能电网的投资力度。根据该法案，美国 DOE 于 2009 年拨款 39 亿美元，用于支持智能电网的发展与示范工作，资助比例最高达 50%。其中，33 亿美元用于智能电网投资补助计划的资金补助，另有 6.15 亿美元的拨款用于示范工程的资助。

2020 年，美国众议院拨款委员会批准通过了一项 2021 财年能源与水资源开发基金法案，该法案提出拨款 33.5 亿美元用于"电网现代化相关项目的必要支出"。

### 5.1.3.2 欧洲

1999 年，欧盟从第 5 次科技框架计划就开始开展智能电网研究的计划。

2008 年，欧盟发起"欧洲经济复苏计划"，将绿色技术作为经济复苏计划的有力支撑。所筹 50 亿欧元经费中 9.1 亿欧元用于电力联网（协助可再生能源联入欧洲电网）。

2008 年，德国启动"E-Energy"技术创新促进计划，总投资 1.4 亿欧元。

2009 年，欧盟公布了战略能源技术计划（SET Plan）路线图，旨在促进低碳技术发展和大规模应用，其中将智能电网作为第一批启动的 6 个重点研发投资方向之一，从电网的技术、规划架构、需求侧参与和市场设计 4 个方面，提出 2010—2020 年智能电网技术发展路线。

2010 年，在欧盟夏季峰会上通过了未来 10 年的经济发展战略，即"2020 战略"，提出了未来 10 年欧盟需要在能源基础设施、科研创新等领域投资 1 万亿欧元，以保障欧盟能源供应安全和实现应对气候变化目标。

2010—2018 年，"欧洲电网计划"（European Electricity Grid Initiative，EEGI）项目获得资金预算 20 亿欧元，2012 年调整了 EEGI 项目每年下拨资金的额度，从 2014 年起资金投入由原来每年 700 万欧元增加到每年 1.7 亿欧元。

### 5.1.3.3 澳大利亚

2009 年，澳大利亚宣布为"智能电网，智能城市"计划投资 1 亿澳元。

### 5.1.3.4 中国

中国智能电网的投资主要来自国家电网公司。2009—2020 年，国家电网投资电

网相关项目 3.45 万亿元，其中智能化投资 3841 亿元，占电网总投资的 11.1%。年均智能化投资占年均电网投资的比例呈上升趋势，表明智能电网是国家电网建设的重点方向。

## 5.2 科技研发与成果

### 5.2.1 论文专利走向

美国电力科学研究院 (Electric Power Research Institute, EPRI) 于 2001 年正式提出智能电网概念后，随着发展清洁能源及提升电力系统的需求不断增加，许多国家意识到智能电网的重要性从而出台了诸多举措以促进其发展，包括美国成立智能电网协会，欧洲成立"智能电网欧洲技术论坛"，中国推行"坚强智能电网"计划等，这也导致与智能电网相关的论文和专利数量均从 2008 年之后迅速增长（图 5-3）。

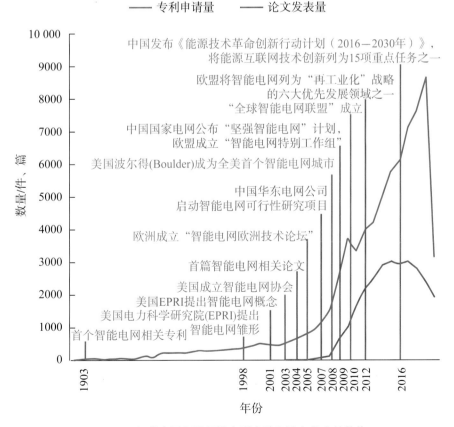

图 5-3　智能电网相关领域专利申请和论文发表的趋势

## 5.2.2 论文年度变化

智能电网相关论文首次发表于 2004 年，2008 年之后论文数量迅速增加，但 2015—2019 年进入了平台期，之后论文总量显著下降。之前智能电网相关论文总量近 60% 的部分在会议上发布，不过 2019 年以后两者地位有了明显变化：之前一直主要以会议论文的形式发表，但近年在期刊发表论文成果已经成为主流（图 5-4）。

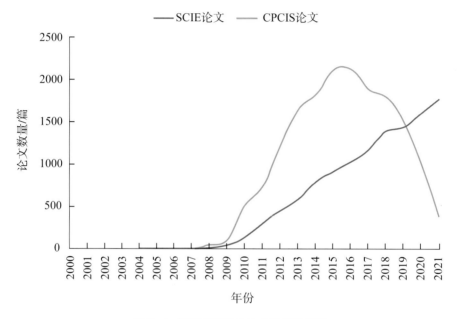

图 5-4　智能电网相关论文的发表情况

## 5.2.3 专利年度变化

智能电网相关专利申请首次出现于 1903 年，在 20 世纪 80 年代之前都处于漫长的萌芽阶段；之后至 2007 年专利年申请数量从百余件缓慢增加至数百件；2008 年之后进入快速增长期，智能电网相关专利申请数量出现持续井喷式增长，并于 2020 年达到峰值 8640 件。

47.25% 的智能电网专利能够获得一个或多个国家 / 地区的授权；16.39% 的专利成为在本国 / 地区之外申请的 PCT 专利；3.70% 左右的专利成为高质量的三方专利（图 5-5）。

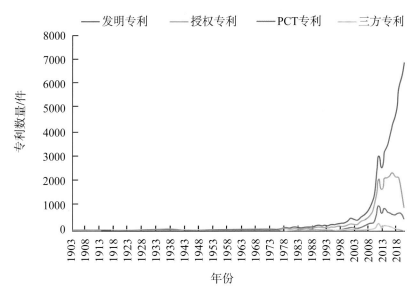

图 5-5　智能电网相关专利的申请情况

## 5.3　地区竞争与合作

### 5.3.1　地区创新分布

美国和中国的智能电网相关论文发表数量远超过其他国家 / 地区，分居全球第一、第二位。但中国科学研究的学术影响力与美国差距仍然较大，虽然 2015 年较 2010 年有了明显提升。印度、加拿大、意大利、德国、英格兰、澳大利亚的论文数量也居世界前列。排名前 15 位的国家 / 地区中，加拿大、美国和西班牙的平均被引用次数较高，在全球有着较大的学术影响力。中国论文的平均被引用次数为12.9 次 / 篇，居以上国家 / 地区中第 10 位（图 5-6）。

中国在智能电网领域申请的专利数量为居全球第 2 位的美国 5 倍有余。韩国、日本和德国的专利数量亦居世界前列。不过，中国所申请专利的平均被引用次数仅 2.66 次 / 件，居全球前 15 位国家中最低，韩国也仅为 2.84 次 / 件。美国智能电网技术创新的影响力最大，平均被引用次数达到 22.03 次 / 件；其次为加拿大和印度（图 5-7）。

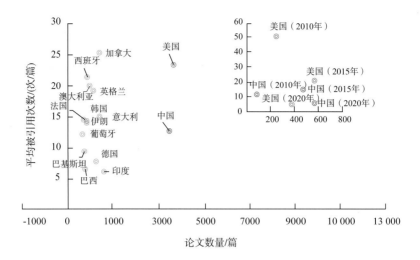

图 5-6 智能电网相关论文发表数量前 15 位国家 / 地区的情况

注：小图表示中国、美国分别在 2010 年、2015 年、2020 年的
论文数量和平均被引用次数，单位同大图。

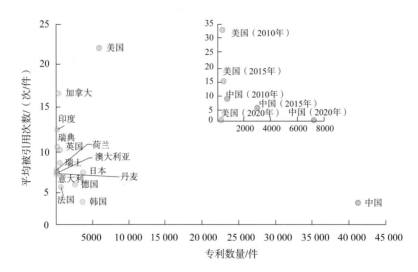

图 5-7 智能电网相关专利申请数量前 15 位国家 / 地区的情况

注：小图表示中国、美国分别在 2010 年、2015 年、2020 年的
专利数量和平均被引用次数，单位同大图。

## 5.3.2 国家年代趋势

从图 5-8 可见，智能电网相关论文发表数量全球前 5 位国家中，仅美国全球占比在逐年代持续降低，从 2008 年之前占到全球近 1/3 的比例一直降到目前的 17.7%。中国、印度和意大利则呈现全球占比持续升高的趋势，尤其是中国从最初

的 1.45% 快速增长到目前占全球论文发表量的 1/5 以上。加拿大则在 3 个年代中的比例变化不明显。

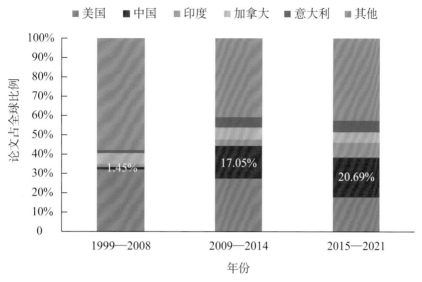

图 5-8　智能电网相关论文发表数量前 5 位国家在 3 个年代的全球占比情况

从图 5-9 可见，智能电网相关专利申请数量前 5 位国家中，中国近 20 年保持着快速增长的势头，目前已占到全球专利总申请量的 72.54%。韩国也呈现相同的增长趋势，从最初的 0.08% 增加到现在的 6.70%。与此相反，美国、日本和德国在近 3 个年代，其全球占比都处于持续减少的状态，尤其是美国从之前的全球占比最高的国家下降到目前居韩国之后。

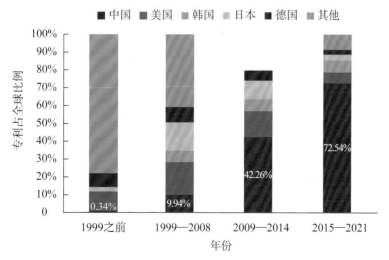

图 5-9　智能电网相关专利申请数量前 5 位国家在 4 个年代的全球占比情况

### 5.3.3 国家逐年走向

美国于2004年发表了首篇与智能电网相关的论文，而且发文总量居全球首位，但在2017年年发文量被中国超过；之后美国的年论文发表数量开始呈现逐年减少的趋势，到2021年美国发表的与智能电网相关的论文数量只有其2014年峰值时的一半。中国发文数量在超过美国后，就一直居世界首位，但在近两年也呈现下降的趋势。印度论文数量在近年起伏波动，但目前仍呈缓慢上升趋势；加拿大和意大利自2018年开始有了明显下滑势头（图5-10）。

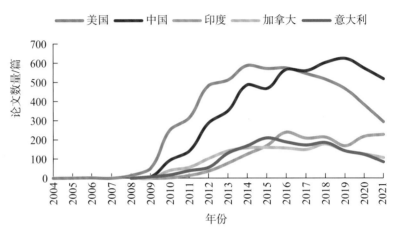

图5-10　智能电网相关论文发表数量前5位国家逐年变化情况

智能电网相关专利申请数量前5位国家中，美国、日本和德国均在2012年达到专利申请峰值，然后快速减少；美国、德国都于2014年止跌，德国甚至在2017年之后出现明显增幅；日本一直到2017年才止住垂直下滑趋势。中国专利申请数量从2008年开始保持持续快速增长趋势，并在2009年超过美国而成为世界首位。韩国亦于2009年之后呈现迅猛的增长势头，并于2017超过美国居全球第2位（图5-11）。

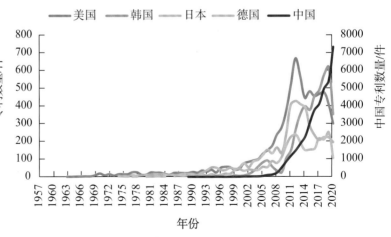

图5-11　智能电网相关专利申请数量前5位国家逐年变化情况

### 5.3.4 国际专利分布

日本的智能电网专利申请数量仅居全球第4位，但其国际专利数量最多，达到3854件。其次为美国、德国和中国。瑞士的所有专利均在本国之外申请了国际专利，达到100%的比例；中国国际专利仅占本国所有专利的3.3%，在前10位国家中最低；与表现欠佳的韩国25.7%的比例相比也有差距；其余国家的国际专利数量均在总量的一半以上（图5-12）。

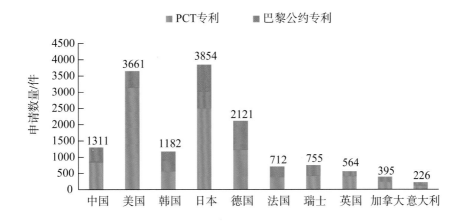

图5-12 智能电网相关专利申请数量前10位国家国际专利申请情况

智能电网相关专利申请数量前10位国家中，仅韩国主要以巴黎公约途径申请国际专利；德国、法国、瑞士、意大利的PCT专利数量略高于巴黎公约专利数量；其他国家则以PCT途径申请为主（图5-13）。

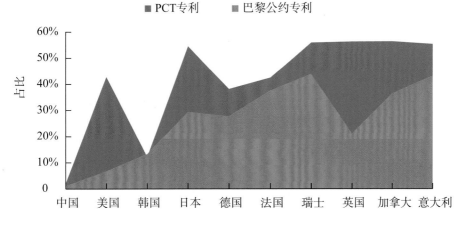

图5-13 智能电网相关专利申请数量前10位国家国际专利占比情况

PCT 专利如果仅在 WIPO 申请或仅在本国申请，则失去作为国际专利的意义。中国有 41.20% 的 PCT 专利未在本国以外的国家 / 地区申请授权，失去了国际专利的价值；韩国该数值为 18.6%。加拿大和瑞士则分别有高达 91.7% 和 90.1% 的 PCT 专利均在国外申请了专利授权。中国和韩国平均进入国家数量分别仅为 2.31 和 2.40 个；英国和法国则分别高达 4.28 个和 4.24 个（图 5-14）。

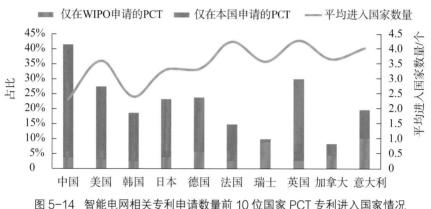

图 5-14 智能电网相关专利申请数量前 10 位国家 PCT 专利进入国家情况

## 5.3.5 国家合作格局

智能电网相关论文合著最多的国家 / 地区是中国和美国，达到 742 篇；其次为中国分别与澳大利亚和英格兰、美国与加拿大、中国与加拿大，分别达到 242 篇、184 篇、178 篇、165 篇。表明美国和中国是智能电网基础研究的全球合作中心，与其他国家均有较多合作（图 5-15）。

智能电网相关专利合作申请最多的国家是美国与日本、美国与加拿大、美国与瑞士，分别达到 95 件、95 件、93 件；其次，美国与德国、美国与英国的合作也非常紧密。表

图 5-15 智能电网相关论文发表数量前 10 位国家 / 地区合作论文情况（单位：篇）

明美国是智能电网技术研发的国际合作中心，与许多国家共同拥有专利垄断权。中国在智能电网领域与其他国家的合作创新较少，合作最多的国家是美国，其次是瑞

士、德国，分别合作申请了 55 件、19 件、13 件专利（图 5-16）。

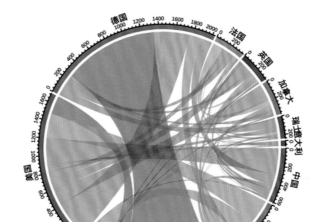

图 5-16　智能电网相关专利申请数量前 10 位国家的合作专利情况（单位：件）

## 5.3.6　城市合作格局

北京、南京、上海、新加坡、巴基斯坦伊斯兰堡、伊朗德黑兰、韩国首尔、香港、广州、武汉是发表智能电网相关论文最多的前 10 个城市，其中中国占到 6 个。城市之间的合作以各国的国内合作为主。中国国内以北京为合作中心，与上海、广州、武汉等城市合作频繁。国际城市合作较为突出的有：巴基斯坦伊斯兰堡与加拿大艾德蒙顿、杭州与新加坡、中国香港分别与英国伦敦和澳大利亚悉尼、北京与新加坡、阿联酋阿布扎比与加拿大滑铁卢等（图 5-17）。

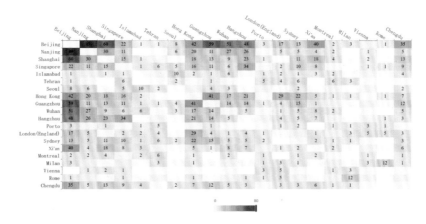

图 5-17　智能电网相关论文发表城市的合作情况

## 5.4 机构实力与排名

### 5.4.1 理论研究机构

全球智能电网相关论文发表数量前 20 个机构中，中国有 7 个，美国有 5 个，印度有 2 个，丹麦有 2 个，巴基斯坦、法国、埃及、新加坡各 1 个。中国国家电网、华北电力大学和美国能源部居前 3 位，但从平均被引用次数来说，中国前 2 个机构的学术影响力远低于后者。美国加州大学和北卡罗来纳大学的平均被引用次数在前 20 个机构中较高（图 5-18）。

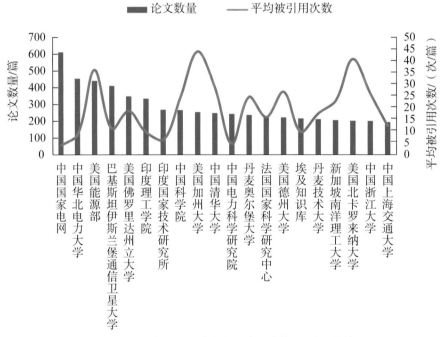

图 5-18 智能电网相关论文发表的全球前 20 个机构情况

中国智能电网相关论文发表数量前 20 个机构中，国家电网、华北电力大学、中国科学院居前 3 位。香港大学、清华大学、香港理工大学的学术影响力在中国居前列，国家电网、电力科学研究院的学术影响力则有待提高（图 5-19）。

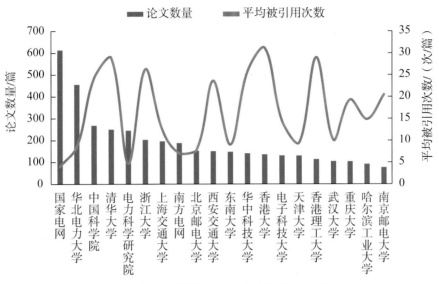

图 5-19　智能电网相关论文发表的中国前 20 个机构情况

## 5.4.2　技术研发机构

全球智能电网相关前 20 个技术研发机构中，日本有 8 个，中国有 6 个，韩国有 2 个，德国、美国、法国、瑞士各有 1 个。中国的国家电网和广东电网、日本东芝的相关专利申请数量排全球前 3 位，其中，国家电网申请了相关专利 12 486 件，远高于第 2 位的广东电网 3449 件。中国国家电网作为企业，论文和专利数量均居全球首位，在理论研究和技术研发方面均成果丰硕（图 5-20）。

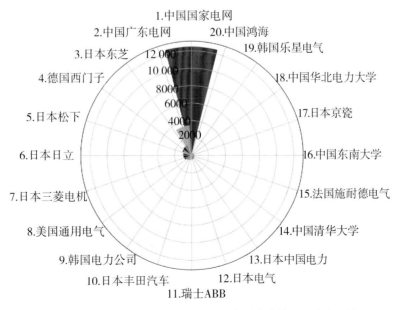

图 5-20　全球前 20 个机构的智能电网专利申请情况（单位：件）

中国前 20 个技术研发机构中，有 6 个机构为企业，而其他机构均为大学院所。这与日本等国家顶级研发机构均为企业不同，表明中国需要更多的企业参与到智能电网技术创新中来。中国大学院所中，清华大学、东南大学、华北电力大学的技术研发成果较多（图 5-21）。

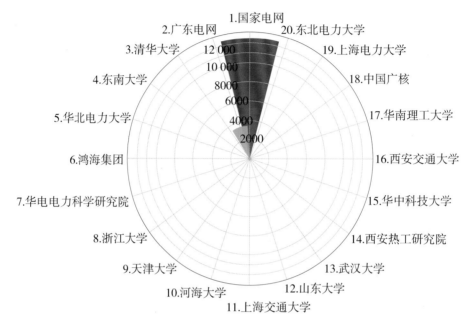

图 5-21　中国前 20 个机构的智能电网专利申请情况（单位：件）

## 5.5　研发热点与趋势

### 5.5.1　基础理论研究

为了了解智能电网领域基础理论的研究热点，将高被引论文进行引文耦合分析得到主题类似的聚簇（图 5-22），再对聚簇主题进行解读，获得每个簇类所代表的论文研究热点。从表 5-1 可见，储能、微电网、区块链、需求侧管理、智能电网通信体系、电力负荷预测、智能电网入侵和攻击、智能电网隐私是智能电网基础研究的热点所在。

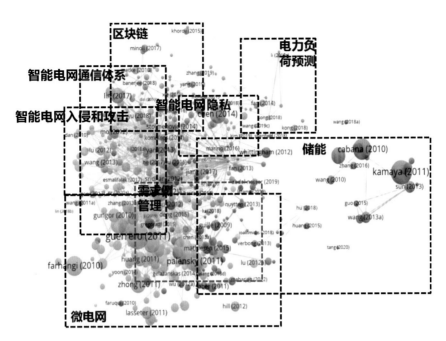

图 5-22　智能电网技术相关论文的研究热点

表 5-1　智能电网技术相关论文的研究热点及论文关键词

| 序号 | 研究热点 | 论文关键词 |
|---|---|---|
| 1 | 储能 | smart grid; energy storage; Batteries; supercapacitors; all-solid-state; capacitors; community energy storage; electric economy; energy densities; flywheels; grid storage; layered materials; porous electrodes; pumped hydro; rate capabilities |
| 2 | 微电网 | smart grids; microgrid; distributed generation (DG); droop control; energy management; hierarchical control; power sharing; stability; uninterruptible power supply; islanding; distributed control; AC-DC power converters |
| 3 | 区块链 | smart grid; blockchain; privacy; edge computing; machine learning; security; computational modeling; smart cities; internet of things;intrusion detection |
| 4 | 需求侧管理 | smart grid; demand side management (DSM); game theory; demand response; cloud computing; distributed algorithms; optimization algorithms; electricity price; market incentives; smart meter |
| 5 | 智能电网通信体系 | smart grid; smart grid communications network; wide-area networks (WANs); advanced metering infrastructure (AMI); cyber security; power communications; neighborhood area network (NAN); control and management |
| 6 | 电力负荷预测 | load forecasting; deep learning; artificial intelligence; short-term load forecasting; attention mechanism; recurrent neural network; deep neural networks; convolutional neural network; feature extraction; probability density forecasting |

续表

| 序号 | 研究热点 | 论文关键词 |
|---|---|---|
| 7 | 智能电网入侵和攻击 | smart grid; cyber security; false data injection; power system state estimation; bad data detection; cyber-physical systems; attack detection; cyber-attacks; data-driven; intrusion detection; system monitoring |
| 8 | 智能电网隐私 | smart grid; security and privacy; decentralized energy trading; anonymization; smart metering data; blockchain technologies |

### 5.5.2 技术研发研究

为了了解智能电网技术研发的研究热点，将高被引专利进行引文耦合分析得到主题类似的聚簇（图 5-23），再对聚簇主题进行解读，获得每个簇类所代表的专利研究热点。从表 5-2 可见，较多专利关注发电机组控制、数字配电系统、物联网（IoT）、通信技术、电动汽车充电管理、终端用户智能管理等技术的研发，这是智能电网应用研究的热点。

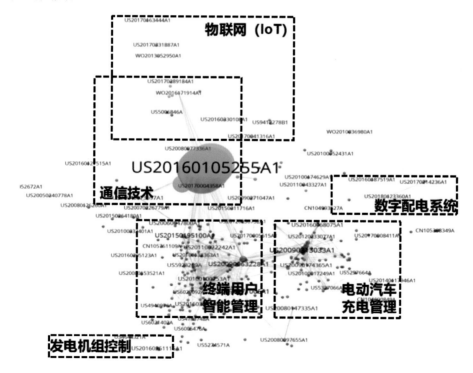

图 5-23　智能电网技术相关专利的研究热点

表 5-2　智能电网技术相关专利的研究热点及专利关键词

| 序号 | 研究热点 | 专利关键词 |
|---|---|---|
| 1 | 发电机组控制 | control of generating units; power plant; optimizing; competing operating modes; costs; fleet of generating assets; power sharing; generating fleet output level |
| 2 | 数字配电系统 | digital power distribution; digital power receiver; regulating digital power; control circuit; power conditioning circuit; packet energy transfer receivers; parallel operation; regulating transfer of energy; logic device; digital electricity transmission; reversal sensing packet energy transfer; analog electrical power; efficiency |
| 3 | 物联网（IoT） | interne of things (IoT); edge secure gateway; process control system; received data; converting; first protocol; second protocol; home gateway; adaptive security engine; security engine; edge device; interactions; peer-to-peer data sharing |
| 4 | 通信技术 | wireless coded communication (WCC); WiFi communication; network management; distributing software; authentication and identity management; mode-division multiplexing; exchanging signals; communication interface; topology information; power sources |
| 5 | 电动汽车充电管理 | electric vehicle charging station; network-controlled charging system; equipment; grid-integrated vehicles; vehicle charging allocation managing; definable pricing; managing incentives; charging transactions |
| 6 | 终端用户智能管理 | end users; customers; smart building manager; power consumed information; database; virtual electric; supply power virtually; smart energy grid; adjustments; control algorithms; fully automated energy demand curtailment; home management system; monitoring and controlling; sensor; wireless communication |

我国《关于促进智能电网发展的指导意见》中的关键技术装备为：移动互联网、云计算、大数据和物联网等技术在智能电网中的融合应用；灵活交流输电、柔性直流输电等核心设备的国产化；高比例可再生能源电网运行控制技术；主动配电网技术；能源综合利用系统；储能管理控制系统；智能电网大数据应用技术等。与本研究结果进行比较发现，有较多技术热点重合。

## 5.6　未来展望与前景

智能电网是基于电力和信息的双向流动性而建立的一个高度自动化与广泛分布的能量交换网络，以获得高安全、高可靠、高质量、高效率和价格合理的电力供应。但目前仍然存在以下发展障碍。

（1）立法保障

欧美国家的智能电网是国家战略，得到国家的立法保障。中国政府虽将发展智能电网列入"十二五"规划，但尚无明确的法律法规。

（2）标准协议

涉及多能源、多系统、多技术和设备整合入网，需要制定通信、互操作性、数据收集与管理等相关标准和协议，及其具体发展路线。

（3）区域均衡

一次能源分布及区域经济发展不均衡，缺电与窝电并存，区域间输送及交换能力不足，亟须提高电力资源配置范围和配置效率。

（4）技术支撑

中国智能技术仍存在如电网在线监测和自愈控制的稳定性差、电网与互联网结合的安全性不高、分布式能源管理的效率低及和标准不一致、柔性直流输电的成本高等问题。

（5）设备更新

中国很多电力系统设备老化，小型风电、光伏、热电联产设备没有完全普及，不能满足智能电网操作要求。

# 参考文献

［1］黄国勇.氢能与燃料电池［M］.北京:中国石化出版社,2020.

［2］European Commission（FCH-JU）. Hydrogen roadmap Europe report:a sustainable pathway for the European energy transition［R］. Bruxelles: European Commission, 2019.

［3］SPARK M. Matsunaga hydrogen research,development, and demonstration program act of 1990［EB/OL］.（1990-10）［2022-07-01］. https://www.hydrogen.energy. gov/docs/matsunaga_act_1990.doc.

［4］DOE. National hydrogen energy roadmap［EB/OL］.（2002-11）［2022-07-01］. https://www.hydrogen.energy.gov/pdfs/national_h2_roadmap.pdf.

［5］DOE. Hydrogen posture plan-an integrated research,development and demonstration plan［EB/OL］.（2016-12）［2022-07-01］. https://www.hydrogen.energy.gov/pdfs/ hydrogen_posture_plan_dec06.pdf.

［6］DOE. Fuel cell technologies office multi-year research,development, and demonstration plan［EB/OL］.（2013-04）［2022-07-01］. https://www.energy.gov/eere/ fuelcells/downloads/fuel-cell-technologies-office-multi-year-research-development-and-22.

［7］HELMOLT V R, EBERLE U. Fuel cell vehicles:status 2007［J］. Journal of power sources, 2007, 165(2): 833-843.

［8］MORADI R, GROTH K M. Hydrogen storage and delivery:review of the state of the art technologies and risk and reliability analysis［J］. International journal of hydrogen energy，2019, 44(23): 12254-12269.

［9］LIU J. China's renewable energy law and policy:a critical review［J］. Renewable and sustainable energy reviews, 2019，99：212 -219.

［10］EL - EMAM R S, ÖZCAM H. Comprehensive review on the techno-economics of sustainable large-scale clean hydrogen production［J］. Journal of cleaner production, 2019, 220: 593-609.

［11］ MORADI R, GROTH K M. Hydrogen storage and delivery:review of thes state of the art technologies and risk and reliability analysis［J］. International journal of hydrogen energy, 2019, 44(23): 12254 -12269.

［12］ REN X, DONG L, XU D, et al. Challenges towards hydrogen economy in China［J］. International journal of hydrogen energy, 2020, 45(59): 34326 -34345.

［13］ IEA. The future of hydrogen seizing today's opportunities［EB/OL］.(2019-06-14)［2022-07-01］. https://webstore. iea. org/the-future-of-hydrogen.

［14］ SINIGAGLIA T, LEWISKI F, SANTOS MARTINS M E, et al. Production, storage, fuel stations of hydrogen and its utilization in automotive applications—a review［J］. International journal of hydrogen energy, 2017, 42(39): 24597-24611.

［15］ NIKOLAIDIS P, POULLIKKAS A. A comparative overview of hydrogen production processes［J］. Renewable and sustainable energy reviews, 2017, 67: 597-611.

［16］ HU GPING, CHEN C, LU H T, et al. A review of technical advances, barriers, and solutions in the power to hydrogen (P2H) roadmap［J］. Engineering, 2020, 6(12): 1364-1380.

［17］ SONG P F, SUI Y Y, SHAN T W, et al. Assessment of hydrogen supply solutions for hydrogen fueling station: a shanghai case study［J］. International journal of hydrogen energy,2020, 45(58):32884-32898.

［18］ FERRARA A, JAKUBEK S,HAMETNER C. Energy management of heavy-duty fuel cell vehicles in real-world driving scenarios:robust design of strategies to maximize the hydrogen economy and system lifetime［J］. Energy conversion and management, 2021，232：1-14.

［19］ BUTTLERA A, SPLIETHOFFA H. Current status of water electrolysis for energy storage，grid balancing and sector coupling via power-to-gas and power-toliquid：a review［J］. Renewable and sustainable energy reviews, 2018, 82: 2440-2454.

［20］ 伊夫·布鲁内特.储能技术及应用[M].唐西胜,等译.北京:机械工业出版社,2022.

［21］ 华志刚.储能关键技术及商业运营模式［M］.北京:中国电力出版社，2021.

［22］ 全球能源互联网发展合作组织.大规模储能技术发展路线图［M］.北京：中

国电力出版社，2021.

［23］中国能源研究会储能专委会，中关村储能产业技术联盟.储能产业研究白皮
书［R］.北京：中关村储能产业技术联盟，2021.

［24］National Grid ESO. Future energy scenarios 2020 ［R/OL］.［2022-07-01］.
https://www.Nationalgrideso.com/document/173821/download.

［25］HM Government. The energy white paper-powering our net zero future ［R/OL］.
［2022-07-01］. https://assets.publishing.service.gov.uk/government/uploads/sys-
tem/uploads/attachment_data/file/945899/201216_BEIS_EWP_Command_Paper_
Accessible.pdf.

［26］UK Research and Innovation. The faraday battery challenge［R/OL］.［2022-07-01］.
https://www.cenex-lcv.co.uk/storage/seminar-programme/sessions/presentations/
tony_harper_introduction_to_the_faraday_battery_challenge_1537351167.pdf.

［27］HM Government. The ten point plan for a green industrial revolution［EB/OL］.
［2022-07-01］. https://assets.publishing.service.gov.uk/government/uploads/sys-
tem/uploads/attachment_data/file/936567/10_POINT_PLAN_BOOKLET.pdf.

［28］KHAN I, BAIG N, ALI S, et al. Progress in layered cathode and anode nano archi-
tectures for charge storage devices:challenges and future perspective［J］. Energy
storage materials, 2021, 35: 443-469.

［29］EU. Strategic research agenda for batteries 2020［EB/OL］. (2020-12-04)［2022-
07-01］. https://ec.europa.eu/energy/sites/default/files/documents/batteries_europe_
strategic_research_agenda_december_2020_1.pdf.

［30］DOE. Battery 500 consortium［EB/OL］. (2017-06-21)［2021-07-01］. https://
www.energy.gov/sites/prod/files/2017/06/f35/es317_liu_2017_ p.pdf#: ~ : text=
% EF% 82%A7The% 20Battery500%20Consortium%20aims%20to%20triple%20
the%20specific, materials% 20will%20have%20impact%20on%20current%20bat-
tery%20technologies.

［31］DOE. Energy storage grand challenge［EB/OL］. (2020-01-09)［2021-07-01］.
https://www.energy.gov/energy-storage-grand-challenge/energy-storage-grand-chal-
lenge.

［32］DOE. Energy storage grand challenge roadmap［EB/OL］. (2020-12-21)［2021-

07-01］. https://www.energy.gov/energy-storage-grandchallenge/downloads/energy-storage-grand-challenge-roadmap.

［33］ DOE. National blueprint for lithium batteries 2021-2030［EB/OL］.［2021-07-01］. https://www.energy.gov/eere/vehicles/articles/nationalblueprint-lithium-batteries.

［34］ LUO X, WANG J H, DOONER M, et al. Overview of current development in electrical energy storage technologies and the application potential in power system operation［J］. Applied energy, 2015, 137: 511-536.

［35］ Edison Electric Institute. Energy storage trends & key Issues［R］.Washington: Edison Electric Enstitute, 2020:1-2.

［36］ Edison Electric Institute. Electric company investment and innovation in energy storage［R］.Washington: Edison Electric Institute, 2018.

［37］ Federal Energy Regulatory Commission. Electric storage participation in markets operated by regional transmission organizations and independent system operators［EB/OL］.［2021-07-01］.https://www.ferc.gov/whats-new/comm-meet/2016/111716/E-1.pdf.

［38］ SAKTI A, BOTTERUD A, O'SULLIVAN F. Review of wholesale markets and regulations for advanced energy storage services in the united states:current status and path forward［J］. Energy policy, 2018, 120:569-579.

［39］ WALSH CHRISTY.FERC actions on the participation of storage in organized wholesale electricity markets［EB/OL］.［2022-07-01］. http://www.ieso.ca/-/media/Files/IESO/Document-Library/summit/2019/IESO-Summit-FERC-20190617. pdf? la=en.

［40］ CPUC. Self generation incentive program［EB/OL］.［2022-07-01］. http:// www.cpuc.ca.gov/sgip/.

［41］ BAKER T. Investment tax credit［EB/OL］.［2022-07-01］. https://bakertilly. com/services/renewable-energy/investment- tax-credit section-48.

［42］ 魏一鸣. 气候工程管理：碳捕集与封存技术管理［M］.北京：科学出版社，2020.

［43］ 李阳. 碳中和与碳捕集、利用封存技术进展［M］.北京：中国石化出版社，2021.

［44］ 科学技术部社会发展科技司，中国 21 世纪议程管理中心. 中国碳捕集、利用与封存技术发展路线图 (2019)［M］. 北京：科学出版社，2019：1-10.

［45］ HASZELDINE R S. Carbon capture and storage: how green canblack be?［J］. Science, 2009, 325(5948): 1647-1652.

［46］ IEA. Energy technology perspectives 2020-specialreport on carbon capture utilization and storage［R］. Paris: International Energy Agency, 2020:103-109.

［47］ BUMB P, DESIDERI U, QUATTROCCHI F, et al. Cost optimized $CO_2$ pipeline transportation grid: a case study from Italian industries［J］. International journal of environmental and ecological engineering, 2009,3(10):312-319.

［48］ 余贻鑫. 面向21世纪的智能电网［J］. 天津大学学报(自然科学与工程技术版), 2020, 53(6): 551-556.

［49］ U.S. Department of Energy. The smart grid:an introduction［R］.Washington: DOE, 2009.

［50］ Fenestration integrated BIPV (FIPV): a review［J］. Solar energy, 2022(5), 237: 213-230.

［51］ ASEFI G, HABIBOLLAHZADE A, MA T. Thermal management of building-integrated photovoltaic/thermal systems:a comprehensive review［J］. Solar energy, 2022, 216(3): 188-210.

［52］ SINGH D, CHAUDHARY R, KARTHICK A. Review on the progress of building-applied/integrated photovoltaic system［J］.Environmental science and pollution research, 2021, 28(35): 47689-47724.

［53］ ZHOU J Z, XU X, DUAN B W. Research progress of metal(I) substitution in CuZn-Sn(S,Se)(4) thin film solar Cells［J］. Acta chimica sinica, 2021, 79(3): 303-318.

［54］ YEOH M E, CHAN K Y. A review on semitransparent solar cells for real-life applications based on dye-sensitized technology［J］. IEEE journal of photovoltaics, 2021, 11(2): 354-361.

［55］ Shukla A K, Sudhakar K, Mamat R. BIPV based sustainable building in south asian countries［J］. Solar energy, 2018(8): 1162-1170.

［56］ SARETTA E, CAPUTO P, FRONTINI F. A review study about energy renovation of building facades with BIPV in urban environment［J］. Sustainable cities and society, 2020,44(1): 343-355.

［57］ SARKAR D, KUMAR A, SADHU P K. A survey on development and recent trends of renewable energy generation from BIPV systems［J］. IETE technical review, 2020, 37(3): 258-280.

［58］ OSSEWEIJER F J W, VAN DEN Hurk L B P, TEUNISSEN E J H M. A comparative review of building integrated photovoltaics ecosystems in selected european countries［J］. Renewable & sustainable energy reviews, 2018, 90(7): 1027-1040.

［59］ ZHANG X, LAU S K, LAU S S Y, et al. Photovoltaic integrated shading devices (Pvsds):a review［J］. Solar energy, 2018, 170(8): 947-968.

［60］ YEE A. Cross-national concepts in supranational governance:state-society relations and EU policy making［J］. Governance, 2004, 17(4): 487-524.

［61］ ZHANG Y, HUANG T, BOMPARD E F. Big data analytics in smart grids：a review［J］. Energy information, 2018, 1: 1-24.

［62］ ESMALIFALAK M, LIU L, NGUYEN N, et al. Detecting stealthy false data injection using machine learning in smart grid［J］. IEEE systems journal, 2017, 11(3): 1644-1652.

［63］ TUBALLA M L, ABUNDO M L. A review of the development of smart grid technologies［J］.Renewable and sustainable energy reviews, 2016, 59: 710-725.

［64］ TECHNOFI, RSE, BACHER, et al. ETIP SNET implementation plan 2017-2020［Z］. Bruxelles: European Commission, 2017.

［65］ European Commission. Horizon 2020 work programme 2018-2020［R］. Bruxelles: European Commission, 2016.

［66］ ENTSO-E. Research and innovation roadmap 2017-2026［R］. Bruxelles: ENTSO-E, 2016.

［67］ BADAL F R, DAS P, SARKER S K, et al. A survey on control renewable energy integration and microgrid［J］. Protection and control of modern power systems, 2019, 4(1): 87-113.

［68］ WANG Y, CHEN Q X, HONG T. Review of smart meter data analytics: applications,methodologies,and challenges［J］. IEEE transactions on smart grid, 2019, 10(3): 3125-3148.

［69］ AVANCINI DB, RODRIGUES J J P C, MARTINS S G B. Energy meters evolution in smart grids:a review ［J］. Journal of cleaner production, 2019, 217(4): 702-715.